KB047911

베르티용이 들려주는 과학 수사 이야기

베르티용이 들려주는 과학 수사 이야기

초판 1쇄 발행일 | 2011년 8월 16일
초판 9쇄 발행일 | 2020년 9월 15일

지은이 | 최상규
펴낸이 | 정은영
펴낸곳 | (주)자음과모음

출판등록 | 2001년 11월 28일 제2001−000259호
주 소 | 04047 서울시 마포구 양화로6길 49
전 화 | 편집부 (02)324−2347, 경영지원부 (02)325−6047
팩 스 | 편집부 (02)324−2348, 경영지원부 (02)2648−1311
e−mail | jamoteen@jamobook.com

ISBN 978−89−544−2226−0 (44400)

베르티용이 들려주는

과학 수사 이야기

| 최상규 지음 |

명탐정, 명수사관을 꿈꾸는 청소년을 위한 '과학 수사' 이야기

우리는 범죄 사건이 발생하면 흔히 '과학 수사'라는 말을 듣게 됩니다. 그렇다면 과학 수사란 무엇일까요? 과학 수사의 의미를 짧게 설명하기란 쉽지 않습니다. 왜냐하면 과학 수사를 뒷받침하는 여러 분야의 과학 지식은 물론 범죄학, 법률에 관한 지식까지 모두 이해하고 있어야 하기 때문이지요. 아마도 이 책을 끝까지 다 읽고 나서야 비로소 "아, 과학 수사란 이런 것이구나!"하고 답이 나올 것 같네요.

"범죄 현장에는 반드시 흔적이 남아 있다"라는 말을 들어 봤나요? 사건을 해결하기 위해서는 범죄 현장이 그만큼 중요하다는 뜻이랍니다. 범죄 현장에서 발견되는 한 방울의 피, 한 올의 털, 한 개비의 담배꽁초 등 모든 증거물을 조심스럽게 다루어야 합니다. 이들 증거물의 실험 결과는 사건 해결에 결정적인 단서가 되기도 하며, 억울한 사람의 결백을 증명해 주기도 하지요.

현대 사회는 각종 지능적이고 포악한 범죄가 계속 증가하고, 특히 청소년들을 위협하는 사건들이 만연해 있어요. 날이 갈수록 늘어만 가는 범죄 사건을 예방도 하고, 발생도 줄일 수 있는 좋은 방안은 없을까요? 우리 모두 과학 수사에 관한 지식은 물론 범죄를 방지할 수 있는 예방책을 함께 논의하고 토론하는 시간이 필요합니다.

과학 수사를 처음으로 체계적으로 연구하고 실천에 옮긴 사람은 프랑스의 범죄학자 베르티용입니다. 베르티용은 인체 계측치에 의한 개인 식별의 창시자이며, '과학 수사의 아버지' 라고 불릴 만큼 많은 업적을 남겼어요. 지금부터 1백여 년 전 베르티용의 연구 업적을 되짚어 보며 과학 수사란 무엇이고, 언제, 누가, 어떤 검사법들을 개발하여 오늘날과 같이 과학 수사가 발전하게 되었는지를 알아봅시다.

아무쪼록 청소년 여러분이 이 책을 통해 낯설게만 느껴졌던 과학 수사에 관한 다양한 지식과 그 중요성을 깨달을 수 있기를 바랍니다.

최 상 규

차례

부록

첫 번째 수업

1

과학 수사란?

과학 수사는 어떻게 발전해 왔을까요?
베르티용은 과학 수사 발전에 어떤 기여를 했을까요?

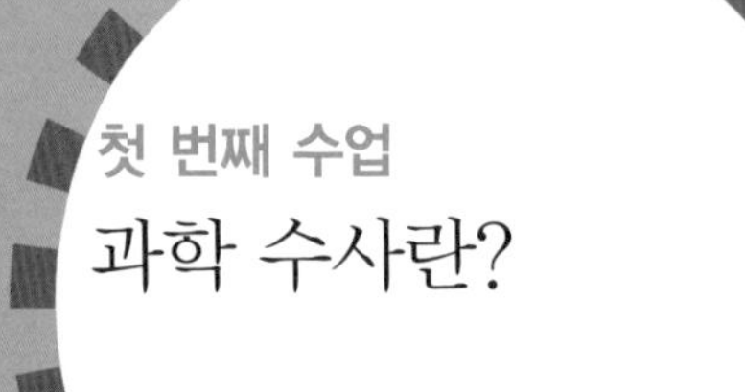

첫 번째 수업

과학 수사란?

교과연계.

초등 과학 3-2 2. 동물의 세계
초등 과학 5-2 1. 우리의 몸
고등 생물 II 4. 생물의 다양성과 환경

콧수염과 턱수염이 멋진 베르티용이 첫 번째 수업을 시작했다.

여러분, 안녕하세요? 나는 오늘부터 여러분에게 과학 수사에 대한 이야기를 들려줄 베르티용(Alphonse Bertillon, 1853~1914)이에요. 내 이름이 재미있지 않나요? "티용!"

__ 하하하.

여러분이 '과학 수사'라는 말을 듣고 의아한 표정을 짓고 있어 긴장을 풀어 주려고 농담 한번 해 봤어요. '과학 수사'라는 말이 낯설게 느껴지는 학생들이 많을 거예요.

과학 수사는 범죄 수사에 여러 과학 분야의 전문적인 지식을 활용하는 것이에요. 지금까지 여러분이 배워 온 많은 과학

지식을 잘 떠올리면서 마치 수사관이 된 기분으로 수업을 들으면 무척 흥미진진할 거예요.

우선 과학 수사가 어떻게 발전되어 왔는지 알아봅시다. 나는 과학 수사를 위해 인체 측정학을 연구하여 인체 식별법을 개발했어요.

__ 선생님, 인체 측정학이 무엇인가요?

그런 질문이 나올 줄 알았어요. 여러분은 생물 수업 시간에 동물의 생김새와 우리 몸, 즉 인체의 생김새에 대해 배웠을 거예요. 사람들의 생김새는 모두 달라요. 키가 큰 사람과 작은 사람, 코가 오뚝한 사람과 납작한 사람, 눈초리가 위로 올라간 사람과 아래로 내려간 사람, 다리가 긴 사람과 짧은 사람이 있는 것처럼 말이에요.

난 사람마다 다른 생김새의 특징과 그 부위의 길이, 너비 등을 일일이 기록하여 기록 카드로 만들어 놓았어요. 이와 같은 연구를 '인체 측정학' 또는 '인체 계측학'이라고 해요. 그러면 인체의 각 부위의 길이와 너비 등을 측정한 자료를 어디에 사용했을까요?

당시에는 범죄 사건이 발생했을 때 DNA 검사와 같은 첨단 과학 기술로 범인을 찾아낼 수 있는 방법이 없었어요. 그나마 내가 연구했던 인체의 모양과 길이를 이용한 인체 계측

자료로 사건을 해결했답니다. 당시에도 오늘날처럼 전과자(전에 죄를 지어서 형벌을 받은 일이 있는 사람)가 또 범행을 저지르는 사건이 대부분이다 보니 재범자들이 많았어요. 그리고 프랑스 경찰국에서는 전과자와 초범자들을 구분할 수 있는 방법이 없어 골머리를 앓고 있었지요.

그때 나는 프랑스 경찰국의 범죄 전과자 기록 담당 부서에서 부책임자를 맡고 있었어요. 그리고 1882년 11월부터 3개월간 여러 사건으로 체포된 범인 300명을 대상으로 인체 각 부위의 길이와 너비 등을 측정하여 '인체 측정치' 라는 기록 카드를 만들었지요. 그 이후로도 1,600명의 인체 측정치 기

록 카드를 더 만들어 범인을 구분하는 자료로 사용했어요.

마침 듀퐁(Dupont)이라는 이름을 가진 남자와 관련된 범죄 사건이 한 건 있었어요. 나는 그 남자의 신체 각 부위의 길이를 측정하여 이미 내가 만들어 놓은 인체 측정치 기록 카드와 비교해 보았지요. 그러다가 듀퐁의 신체 측정치와 일치하는 기록 카드를 발견했어요. 그런데 그 카드에는 듀퐁이 아니라 마르탱(Martin)이라는 이름이 적혀 있었어요.

마르탱은 15년 전에 범행을 저지른 과거가 있었지요. 이 사실이 알려지자 듀퐁은 범죄 사실을 인정했어요. 사건을 해결하면서 나의 인체 측정치 기록 카드는 범인을 찾아낼 수 있는

훌륭한 자료로 인정받았고, 이후로도 난 인체 측정치 자료를 통해 많은 사건을 해결했어요. 이러한 공로로 사람들이 나를 '과학 수사의 아버지' 라고 부르게 된 것이에요.

나는 계속하여 인체 측정치를 이용한 인체 식별법 연구에 20년간 온 정열을 쏟았어요. 한편으로는 사진 촬영한 범죄 용의자(범죄의 혐의가 뚜렷하지 않아 범인으로 단정 지을 수 없지만, 내부적으로 조사의 대상이 된 사람)와 피해자의 모습을 자세하게 기록하면서 '글로 쓴 초상화' 를 그림으로 그려 현대의 몽타주와 영상 분석을 발전시켰고, 또한 지문에도 큰 관심을 가졌지요.

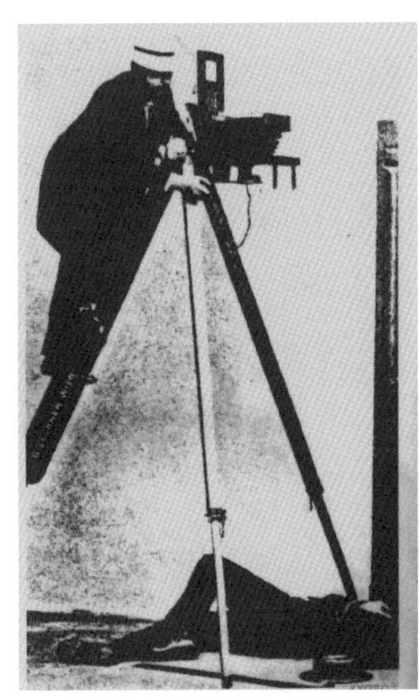
시체를 사진 촬영하는 베르티용

당시 지문을 체계적으로 연구해서 처음으로 지문 분류법을 개발한 영국의 골턴(Francis Galton, 1822~1911)과 함께 지문에 대한 공동 연구를 하면서, 인체 측정치 자료에 지문 자료도 첨부했습니다.

그 후 1900년대 초에 지문에 의한 개인 식별이 가능해

지면서 나의 인체 측정치 연구 자료는 거의 사용하지 않게 됐어요. 그러나 '글로 쓴 초상화'는 하나의 사진 기법으로, 현대에도 용의자 수사를 하면서 CCTV 등에 찍힌 흐릿한 사람의 모습을 명확하게 재현할 수 있는 영상 분석 방법으로 발전했지요.

이처럼 나는 현대 과학 수사에서 개인 식별법의 창시자라는 자부심을 가지고 보람을 느낀답니다. 1902년에는 란트슈타이너(Karl Landsteiner, 1868~1943)가 ABO 혈액형, Rh 혈액형 등 여러 종류의 혈액형을 발견해 개인 식별에 이용했으나 혈액형만으로 범인을 증명하는 데 한계가 있었지요. 왜냐하면 똑같은 혈액형을 가진 사람들은 너무나 많았기 때문이에요. 1985년 영국의 제프리스(Alec Jeffreys, 1950~) 교수가 DNA를 이용한 개인 식별법을 개발해 범인을 정확히 증명할 수 있었고, 이후 과학 수사는 눈부신 속도로 발전했어요.

개인 식별이란?

__ 선생님, 아까부터 인체 식별이니 개인 식별이니 하는 말

씀을 하시는데, 무슨 뜻인지 잘 모르겠어요.

흠, 그렇다면 어떤 사건이 발생했다는 가정을 통해 구체적으로 설명하겠어요.

사건이 발생하면 수사관은 가장 먼저 사건 현장을 보호하기 위해 '폴리스 라인(police line)' 이라고 쓰여 있는 노란색 띠를 둘러 일반 사람들의 접근을 막지요. 그런 다음 수사관들은 범죄 현장에 들어가 사진 촬영도 하고, 현장을 면밀히 관찰해 범인이 남긴 물건이나 흔적을 찾습니다. 예를 들면 범인의 머리카락, 핏방울, 땀방울, 침, 지문 등을 찾는 일이지요. 의심쩍은 물질이나 물체가 발견되면 그것을 채취해 국립과학수사연구원에 검사를 의뢰하고 곧바로 과학적 실험에 들어갑니다.

실험 결과가 나오면 이를 분석해 범인이 어떤 생김새를 가졌는지, 남자인지 또는 여자인지, 어른인지 또는 어린이인지 등의 개략적인 정보를 알 수 있어요. 이런 방법으로 범인을 알아내는 것을 인체 식별 또는 개인 식별이라고 한답니다.

사건의 용의자가 붙잡히면 개인 식별에서 얻은 정보를 이용해 진짜 범인인지 아닌지를 비교 판단할 수 있지요. 특히 DNA 검사를 이용하면 범인으로 추정되는 사람이 진짜 범인인지의 여부를 정확히 판단할 수 있어, 현대 사회에서는

DNA 검사를 이용해 많은 사건의 범인을 정확하게 찾아내고 있답니다.

이처럼 범죄 수사에서 과학적 실험에 근거해 범인을 알아내는 개인 식별이 바로 '과학 수사'랍니다.

증거와 증거물의 뜻은 어떻게 다를까요?

__ 선생님, 만약 범죄 현장에서 개인 식별에 이용할 만한 증거물이 하나도 없으면 어떻게 사건을 해결하나요?

그럴 때에는 다른 증거를 찾아봐야겠지요. 이를테면 사건 현장을 목격한 사람의 증언이라든지…….

__ 네? 증언도 증거가 될 수 있나요? 하지만 거짓말을 할 수도 있잖아요?

증거란 수사를 할 때나 재판을 할 경우, 진실을 판단할 수 있는 근거를 법정에 제출하는 것으로 두 종류가 있어요. 하나는 증언 증거이고, 또 하나는 크기, 모양, 부피를 가지는 일정한 형태의 물적 증거이지요.

학생이 방금 이야기한 대로 증언 증거는 진실을 왜곡시키거나 거짓일 수 있어요. 그래서 반드시 진실만을 이야기한다는 서약하에 묻는 질문에만 최대한 객관성을 띤 답변을 해야 하지요.

물적 증거에 해당하는 증거물에는 주택처럼 크기가 큰 것도 있고, 섬유의 실밥이나 머리카락 한 올처럼 크기가 작은 것도 있어요. 그리고 냄새같이 금방 사라지는 것도 있고, 폭발 현장같이 우리 눈으로 명백히 확인할 수 있는 것도 있지요.

사건 해결의 성공 여부를 결정짓는 것은 증언 증거보다 과학 수사가 뒷받침된 증거물이라고 할 수 있어요. 따라서 증거물의 채취, 수집, 보관, 과학적 검사 등 전 과정을 거쳐 얻은 결과물은 매우 중요합니다.

과학자의 비밀노트

증거물의 기능

첫째, 범죄가 발생했음을 알려 주며, 범죄 해결의 중요한 단서를 제공한다.
둘째, 증거물은 범죄자의 개인 식별을 가능하게 한다.
셋째, 죄를 짓지 않은 무고한 사람의 경우, 죄가 없음을 증명해 준다.
넷째, 재판할 때 용의자 또는 피해자의 진술을 뒷받침하며 입증해 준다.
다섯째, 용의자에게 범행 당시 증거물을 제시했을 때 범행을 시인하거나, 자백을 가능하게 한다.

과학 수사를 뒷받침하는 법 과학이란?

과학 수사란 한마디로 사건 현장에서 채취한 증거물을 가지고 과학적 실험을 하고, 그 결과를 바탕으로 범인을 검거하는 체계적이며 합리적인 수사를 말해요. 그렇다면 과학 수사를 뒷받침하는 학문은 무엇이 있을까요?

여러분이 학교에서 배우는 과학 분야 중 생물학, 물리학, 화학은 과학 수사를 위해 꼭 필요한 기초 지식이에요. 또한 약학, 의학도 과학 수사에 필요한 분야예요. 이뿐만 아니라 범죄학, 심리학, 법학, 철학 등과 같은 인문 과학도 과학 수사

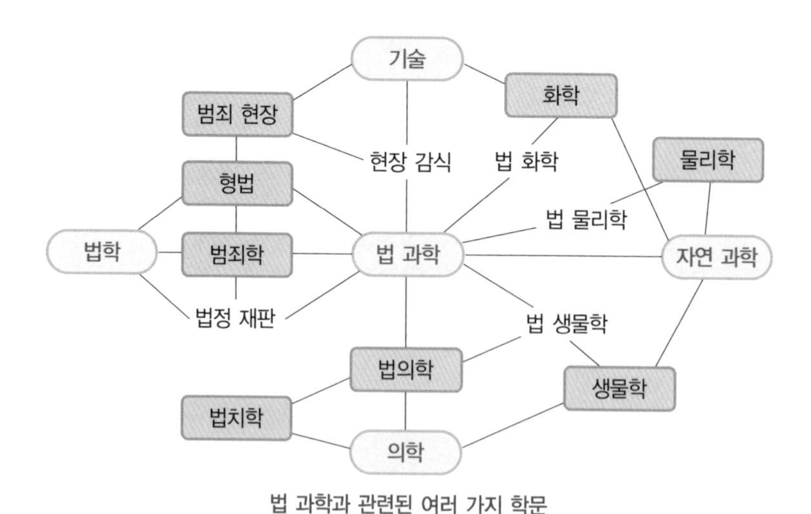

법 과학과 관련된 여러 가지 학문

와 밀접한 관계가 있어요. 이들 학문을 총칭하여 법 과학 또는 과학 수사학이라고 해요. 이런 법 과학은 과학 수사는 물론 법정에서 공정한 재판을 받을 수 있도록 근거를 마련해 주지요.

1893년 오스트리아의 그로스(Hans Gross, 1847~1915)는 범죄 수사에 과학을 적용해야 한다는 내용의 논문을 발표했어요. 그는 과학을 이용한 범죄 수사에 관한 연구에 많은 노력을 기울인 법학자였지요. 그의 저서인 《범죄 수사》에는 현미경학, 화학, 물리학, 광물학, 동물학, 식물학 등 법 과학 분야는 물론 지문 분류법 분야에서 수사관이 어떻게 도움을 받을 수 있는지 자세히 설명돼 있어요. 그로스는 생애를 마감할 때까지 법 과학을 이용한 과학 수사 기술 개발에 많은 업적을 남겼답니다.

사건 현장에서 수사관은 어떻게 행동해야 할까요?

과학 수사가 성공하려면 범죄 현장에서 수사관은 어떻게 행동해야 할까요? 범죄 현장을 망가뜨리지 않으면서 증거물을 신속하게 발견하고 채취해 국립과학수사연구원에 의뢰해

야 합니다. 수사관은 범죄 현장에서 주의할 사항들이 무척 많아요.

첫째, 수사관이 범죄 현장에 도착했을 때 신속하게 범인을 검거해야겠다는 마음가짐과 사명감이 앞서야 합니다. 수사관이 긴장하여 경솔하게 범죄 현장에 뛰어들면 증거물 발견과 수집에 실패할 수 있어요. 수사관은 항상 침착하고 신중하게 수사 책임자의 지시에 따라 행동해야 하지요. 그리고 범죄가 발생했다는 신고를 받은 수사관은 이때의 시간을 기록하고 즉시 범죄 현장으로 달려가 도착한 시간을 기록해야 합니다. 그리고 범죄 현장은 수사관이 도착할 때까지 훼손시키지 말고 보존해야 합니다.

둘째, 범죄 현장에 도착한 수사관은 불필요하게 물건들을 만지거나 흐트러뜨리는 일이 없도록 주의해야 합니다. 가령 수사관은 소변이 아무리 급해도 범죄 현장의 화장실을 사용할 수 없으며, 화장실에 걸려 있는 수건조차도 사용해서는 안 됩니다. 범인이 피가 묻은 손이나 흉기를 닦는 데 수건을 사용하고 도망갔을지도 모르기 때문이지요. 만일 피해자 가족들이 범죄 현장이 더럽다고 청소를 할 경우, 즉각 청소를 중단시켜야 해요. 청소를 하면 중요한 증거물이 없어질 수도 있기 때문입니다.

셋째, 만일 범죄 현장에 상처를 입은 피해자가 그대로 있을 경우에는 현장이 망가진다 하더라도 우선 피해자의 생명을 구하는 것이 중요하겠지요? 사람의 생명은 고귀하고, 살아야 할 권리와 의무가 있으니까요. 이럴 때 수사관은 어떻게 해야 할까요? 즉시 구급차를 불러 병원으로 옮겨 생명을 구해야

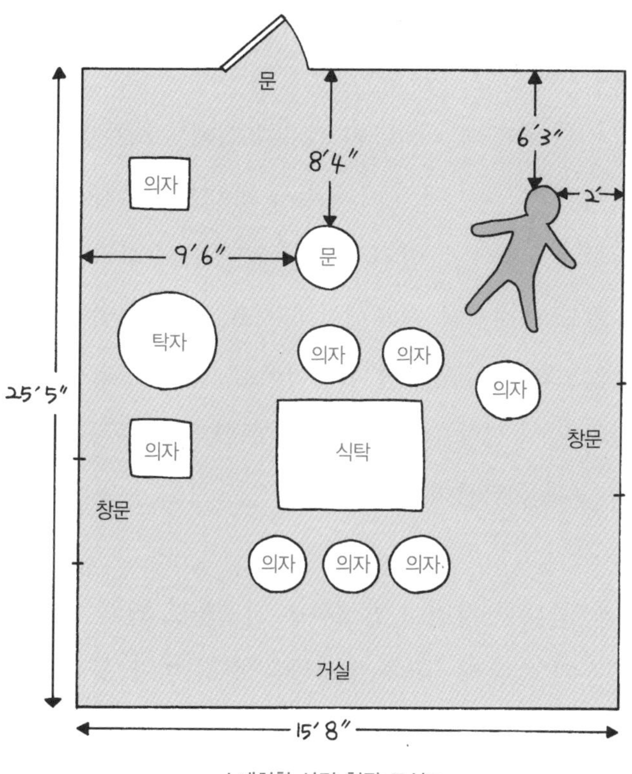

스케치한 사건 현장 모식도

합니다. 범죄 현장은 나중에 샅샅이 관찰할 수 있으니 우선 범죄 현장 구석구석을 사진 촬영한 후, 피해자가 있던 위치를 그림으로 그려 놓거나 현장에 표시를 해 놓고 머릿속에 잘 기억해 놓아야 하지요. 피해자 발견 당시, 상처는 어느 부위이며 피는 얼마나 흘렸는지 그리고 누워 있었는지 아니면 앉아 있었는지, 손과 팔 그리고 다리의 위치와 모양은 어떠했는지, 옷의 상태는 어떠했는지 등 피해자의 상태 역시 꼼꼼히 관찰하여 기록해 놓아야 합니다.

넷째, 범죄 현장에는 허락된 수사관 외에는 어느 누구도 들어갈 수 없으며, 현장에 들어간 수사 책임자나 수사관은 범죄 현장의 물체를 함부로 만져서는 안 됩니다. 수사관은 지문을 남기지 않도록 장갑을 착용해야 하지요. 또한 머리카락이 떨어지지 않도록 머리 덮개를 뒤집어쓰고, 신발 바닥의 무늬 흔적이 남지 않게 신발 덮개도 착용해야 합니다. 수사관들이 모두 머리 덮개를 뒤집어쓴 서로의 모습을 보고 웃음이 절로 나올 법도 하지요?

다섯째, 중대한 사건이 발생하면 기자들도 범죄 현장에 와 있는 경우가 있는데, 이때 수사관은 범죄 현장 상황이나 비밀을 지켜야 할 내용들을 함부로 말해서는 안 됩니다. 사건의 내용을 꼭 알릴 필요가 있을 때는 수사 책임자나 대변인 역할을 하는 수사관을 지정해 공식적으로 발표하는 방식을 이용해야지요.

수사관이 지켜야 할 일들이 너무나 많지요? 그러나 지금까지 설명한 내용이 전부가 아니랍니다. 너무 많아서 이 자리에서 한꺼번에 소개할 수 없을 정도예요. 여러분은 경찰관의 노고에 항상 감사할 줄 알아야겠지요?

오늘 수업한 과학 수사란 무엇이며, 어떻게 발전해 왔는지 그리고 과학 수사가 왜 중요한지를 충분히 이해했나요? 다음 시간부터는 여러 과학 수사 기법에 대해 하나하나 자세히 강의하도록 하겠어요. 그럼 다음 수업 시간을 기대해 주세요.

만화로 본문 읽기

이런, 미안해요. 어디 다친 데 없나요?
아얏!
아니, 자넨 명탐정 코주부가 아닌가?
쿵

아, 베르티용 박사님! 이런 데서 과학 수사의 창시자를 만나게 돼서 영광입니다.
과학 수사요? 박사님이 과학 수사의 창시자예요?
하하, 쑥스럽군요. 과학 수사란 범죄 수사에서 전문적 지식과 과학적 실험에 근거해 범인을 알아내는 개인 식별을 말해요. 나는 인체 측정학을 연구하여 개인 식별의 토대를 마련했지요.

인체 측정학이 뭐예요?
사람마다 다른 생김새의 특징과 각 부위의 길이, 너비 등을 측정하여 기록하고 연구하는 것을 '인체 측정학' 또는 '인체 계측학'이라고 해요. 이를 통해 처음으로 개인 식별이 가능해졌지요.
이마의 넓이
귀의 길이
팔의 길이
손의 길이
다리의 길이
발의 크기

이후 지문에 의한 개인 식별이 가능해지면서 인체 측정치 연구 자료는 사용하지 않게 되었어요. 현대에는 DNA를 이용한 개인 식별법이 사용되고 있지요.
아, 그래서 박사님을 과학 수사의 창시자라고 하는 거군요.
DNA
시약
분리
그래프 완성
지문에 의한 개인 식별
DNA 검사를 이용한 개인 식별

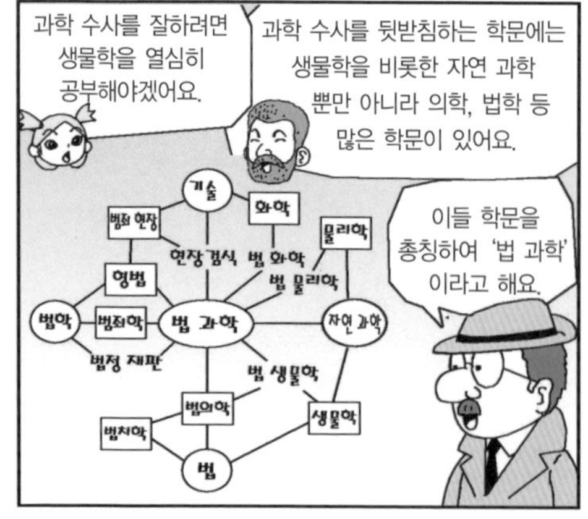

과학 수사를 잘하려면 생물학을 열심히 공부해야겠어요.
과학 수사를 뒷받침하는 학문에는 생물학을 비롯한 자연 과학뿐만 아니라 의학, 법학 등 많은 학문이 있어요.
이들 학문을 총칭하여 '법 과학'이라고 해요.
기술
화학
범죄 현장
물리학
현장 검식
법 화학
법 물리학
형법
법학
범죄학
법 과학
자연 과학
법정 재판
법 생물학
법의학
생물학
법치학
법

명탐정 아저씨, 저~기 사건 현장에 가 보셔야 하는 거 아니에요?
이런, 내 정신 좀 봐! 박사님, 죄송하지만 빨리 현장으로 가야겠어요.
여전히 덤벙거리는군. 우리도 함께 가도록 하지. 어서 가 보자고!

두 번째 수업 2

혈액과 혈흔

혈액과 혈흔이 과학 수사에서 중요한 이유는 무엇일까요?
혈액과 혈흔 증거물로부터 무엇을 알 수 있을까요?

2

두 번째 수업

혈액과 혈흔

교과연계.

초등 과학 5-2	1. 우리의 몸
중등 과학 1	4. 생물의 구성과 다양성
중등 과학 3	8. 유전과 진화

베르티용이 붉은색으로 물든 흰 손수건을 흔들어 보이며 두 번째 수업을 시작했다.

여러분, 내가 들고 있는 이 손수건에 물든 붉은색의 물질은 무엇일까요? 한번 맞춰 보세요.

__ 고추장 물이 묻은 것 같아요.

__ 붉은색 물감이 물든 거 아닌가요?

__ 혹시…… 피가 묻은 건가요?

__ 선생님, 맨눈으로 봐서는 무슨 물질인지 알 수 없으니 검사를 해 봐야 합니다.

학생들의 대답을 듣고 베르티용은 놀라는 표정을 지으며, 말을 이었다.

여러분의 생각이 이렇게 다양할 줄 몰랐어요. 그리고 뜻밖의 대답도 나와서 깜짝 놀랐어요. 사실 이 손수건은 내 손끝을 살짝 베어 흘러나오는 피를 묻혀 말린 것이에요. 다시 말하면 피가 묻어서 난 흔적인 핏자국이 맞는 것이지요. 이 핏자국을 범죄 수사에서는 주로 혈흔이라고 말해요.

하지만 여러분은 이 사실을 알지 못한 채 막연한 추측만으로 대답을 했지요. 만약 여러분이 수사관이라면 검사를 해 봐야 한다고 대답하는 것이 가장 적절하답니다. 따라서 가장 마지막에 발표한 학생의 답변이 가장 훌륭해요. 맛있는 초콜릿을 상으로 주겠어요.

__ 고맙습니다, 선생님. 친구들과 나눠 먹겠어요.

그래요. 초콜릿은 졸음을 방지하고 주의력을 높이는 효과가 있어요. 그럼 지금부터 혈액과 혈흔에 대해서 본격적으로 공부해 봅시다.

혈액이란?

혈액은 혈관 안쪽에 흐르는 붉은색을 띤 액체 상태의 조직이에요. 혈액이 붉은색을 띠는 것은 적혈구에 들어 있는 헤모

글로빈의 붉은 색깔 때문이지요.

혈액은 우리 몸에서 어떤 일을 할까요? 혈액은 우리 몸 곳곳에 산소와 영양분, 호르몬 등을 운반하고 이산화탄소와 노폐물을 배설 기관으로 내보내는 역할을 해 건강한 몸을 유지할 수 있게 합니다.

이처럼 혈액은 혈관을 통해 쉼 없이 계속 돌아다니고 있어요. 만일 혈액의 흐름이 멈추거나 혈액이 부족하면 죽게 됩니다. 혈액이 생명을 유지하는 데 얼마나 중요한지 알겠지요?

혈액에는 적혈구, 백혈구, 혈소판, 혈장 등이 들어 있어요. 적혈구의 경우, 혈액 $1mm^3$당 여자는 450만 개, 남자는 500만 개가 들어 있어요. 백혈구는 남자와 여자 모두 혈액 $1mm^3$당 7,000~10,000개가 포함되어 있지요. 이처럼 혈액에는 적혈구의 수가 엄청나게 많아요. 적혈구의 수에 비해 백혈구의 수가 차지하는 비율은 약 0.1%, 혈소판은 4.8% 정도입니다. 차지하는 비율이 낮다고 해서 백혈구나 혈소판이 덜 중요하다는 것은 아니에요. 혈액을 구성하는 액체 성분인 혈장, 고체 성분인 혈구, 혈소판 등은 모두 각기 다른 중요한 기능을 수행하고 있어요.

__ 와, 혈액의 성분이 이렇게 다양한 줄 몰랐어요. 선생님, 그러면 적혈구, 백혈구, 혈소판 등은 모두 다르게 생겼나요?

적혈구, 백혈구, 혈소판의 모양

네, 적혈구는 중앙에 구멍이 뚫리지 않고 가운데가 움푹 들어간 도넛과 비슷하게 생겼어요. 지름은 7.2~8.4㎛, 두께는 2~3㎛이며 이보다 크기가 더 작은 것도 있어요. 그래서 적혈구는 우리 몸의 가장 좁은 혈관도 쉽게 통과해요. 반면에 백혈구의 크기는 10~20㎛ 정도로 적혈구에 비해 훨씬 크지요. 그리고 백혈구는 적혈구에는 없는 핵을 가지고 있으며, 종류가 다양하고 우리 몸에 세균 등 이상한 물질이 들어오면 방어하고 죽이는 역할을 하는 면역성을 가진 세포입니다.

혈소판은 특정한 모양을 하고 있지 않으며, 크기는 2~3㎛

정도로 어른의 경우 혈액 1mm^{3}당 약 30만~50만 개가 들어 있어요. 몸에서 상처가 나면 피가 흐르는데, 이때 응고 인자라는 물질의 도움을 받아 혈소판들이 모여들어 피를 멈추게 하는 역할을 하지요. 이처럼 혈액을 구성하는 성분 가운데 어느 것 하나 중요하지 않은 것이 없답니다.

과학 수사에서 혈액이 중요한 이유는?

혈액은 우리 몸 곳곳에 퍼져 있는 혈관을 따라 흐르고 있어요. 그러므로 우리 몸의 어느 부위이든 상처를 입게 되면 즉시 피가 외부로 흐르게 마련이지요. 많은 양의 혈액이 흘러나와 급속히 소실되면 목숨이 위태로워져요. 전체 혈액량의 3분의 1 이상이 소실되면 생명이 위험하게 되고, 2분의 1 이상이 소실되면 사람은 사망하게 됩니다.

그리고 밖으로 흘러나온 혈액은 즉시 응고되어 마른 피가 됩니다. 이처럼 건조된 혈액을 피의 흔적, 즉 핏자국 또는 혈흔이라고 하지요. 범죄 사건에서는 핏자국보다 주로 혈흔을 더 많이 사용합니다.

사건 현장이나 현장 주변에서는 종종 혈액이 아닌 혈흔의

상태로 부착된 물체를 쉽게 발견할 수 있는데, 이는 사건 해결을 위한 중요한 단서가 됩니다. 범인이 상처를 입어 흘린 피일 수도 있고, 피해자가 흘린 피일 수도 있기 때문이지요. 따라서 수사관들은 신속하게 혈흔을 채취하여 국립과학수사연구원에 검사를 의뢰해야 합니다.

연구원의 실험실에서는 채취해 온 혈흔을 가지고 혈액형 검사, 성별 검사, 최종 DNA 지문 검사까지 완료하면 정확한 개인 식별이 가능하게 됩니다. 그러면 용의자를 검거했을 때 범인의 혈흔인지를 명확히 판단할 수 있어요.

또 혈흔의 형태를 보고 사람 몸에서의 출혈 부위를 알아낼 수도 있습니다. 사건 현장에서 혈흔을 보고 피부에 난 상처를 통해 흘러나온 혈액이 굳은 것인지, 코피를 흘린 것인지, 허파 질환이 있어 기침할 때 튀어 나온 것인지, 심지어는 사람 피를 빨아 먹은 모기가 죽어서 남긴 것인지 등을 추정할 수 있어요. 이때 현미경을 이용하여 관찰하면 추정하기가 더욱 용이하지요.

예를 들어 혈액이나 혈흔에서 원주 상피 세포(소화기나 호흡기 등의 내장의 점막 표면을 덮고 있는 원주 상피 조직의 주축이 되는 세포)가 관찰되면 코피로 추정할 수 있어요. 만약 허파 조직 세포가 발견됐다면 허파에서 출혈된 객혈(혈액이나 혈액이 섞인 가래를 토하는 것 또는 그런 증상)로 추정할 수 있지요. 입술이 터져서 나온 혈액에서는 타액 상피 세포가 관찰되고, 몸에 난 상처를 통해 흘러나온 혈액이라면 피부 세포가 발견되겠지요.

__ 선생님, 그런데 제가 직접 손수건에 말라붙은 혈흔을 현미경으로 관찰해 보려고 했는데, 아무것도 관찰할 수 없었어요. 어떻게 하면 혈흔에서 세포를 관찰할 수 있나요?

좋은 질문이에요. 혈흔이란 액체인 혈액이 건조되어 응고된 상태이지요. 따라서 혈흔 그대로의 상태에서는 현미경으로 아무것도 관찰할 수 없어요. 그러나 법 생물학적 실험을 이용하면 가능합니다.

먼저 손수건에서 혈흔이 부착된 부위를 오려 낸 다음 잘게 잘라서 시험관에 넣습니다. 그리고 시험관에 증류수를 넣어 약 10시간 이상 그대로 놓아두면 혈흔에 붙어 있던 파괴된 세포들이 떨어져 나옵니다. 비록 파괴된 세포이지만 세포막을 통해 증류수가 스며들어 갑니다. 증류수가 잔뜩 스며든 세포는 본래 모양으로 되돌아가지요. 이렇게 하여 물을 먹은 세포들이 들어 있는 혈흔 추출물을 얻게 됩니다. 이 추출물을 유리판에 얇게 묻혀서 말린 다음 특수 염색을 하면 현미경으로 관찰할 수 있는 유리판 표본이 되는 것입니다.

혈흔 추출물을 관찰하는 방법

이젠 현미경으로 관찰하면 어떤 종류의 세포라도 발견할 수 있습니다. 재미있는 현상은 정상적인 세포는 발견되지 않고 찌그러져 있거나 세포의 일부가 떨어져 나간 손상된 세포로 발견된다는 것이지요. 특히 적혈구는 물에 용해되어 보이지 않으나 백혈구는 관찰됩니다.

이처럼 혈흔은 각종 사건에서 가장 많이 발견되는 증거물이면서 범인을 검거하는 데 결정적인 역할을 하는 중요한 증거물입니다.

혈액형은 누가, 언제 발견했을까요?

여러분의 혈액형은 누구한테서 물려받았지요?

__ 부모님이요.

그렇지요. 물려받았다는 것은 유전되었다는 뜻입니다. 예를 들어 O형의 경우, 부모님 두 분으로부터 모두 O형 인자가 유전된 것이지요.

이러한 ABO 혈액형을 처음 발견한 과학자가 바로 란트슈타이너입니다. 그는 '혈액형의 아버지'라 불릴 정도로 혈액형에 관한 업적을 많이 남겼어요. 란트슈타이너는 ABO 혈액형뿐만 아니라 Rh 혈액형, MN 혈액형 등 많은 유형의 혈액형을 찾아냈어요. 그래서 수혈 부작용도 막을 수 있었고, 개인 식별은 물론 친자 확인 등이 가능한 세상을 만드는 데 큰 기여를 했어요.

란트슈타이너는 특히 사람의 혈액이나 동물의 혈액을 다른 사람에게 주사했을 때 적혈구가 서로 엉기는 현상에 대해 깊은 관심을 가지고 연구했어요. 이와 같은 연구를 위해 피를 많이 흘린 환자에게 다른 사람의 혈액을 투여하는 치료법을 여러 차례 시도했지요. 그런데 어떤 사람은 아무 이상이 없는

반면 어떤 사람은 혈액을 투여했을 때 목숨을 잃는 것을 경험했어요.

란트슈타이너는 안타깝게 목숨을 잃은 사람들의 시체를 해부하여 그 원인을 밝히고자 했어요. 연구 결과, 다른 사람의 혈액을 투여하는 즉시 적혈구가 서로 엉겨 덩어리로 굳어 버려서 혈관이 막히고, 이 때문에 사망한다는 것을 알아냈어요. 이를 통해 란트슈타이너는 사람의 혈액에는 여러 종류의 혈액형이 있으며, 같은 종류의 혈액형을 수혈했을 때 사람이 사망하지 않는다는 것을 최초로 밝혀냈어요.

란트슈타이너는 이런 과정을 거쳐 ABO, Rh, MN 혈액형을 차례로 찾아냈어요. 그는 가장 먼저 혈액형을 A형, B형, AB형, O형의 네 종류로 구분했어요. 이렇게 혈액형을 네 가지로 나눈 것은 혈액 안에 특이한 항원과 항체가 있기 때문이라고 했지요.

적혈구 표면에는 실제 설탕과 비슷한 당분들이 사슬 모양으로 붙어 있는데, 이를 '당 사슬'이라고 합니다. 란트슈타이너는 이 사슬의 끝에 무엇이 붙어 있는가에 따라 혈액형이 결정된다는 것도 알아냈어요.

즉, A형 적혈구 당 사슬에는 N－아세틸갈락토사민(N－acetylgalactosamine)이라는 물질이 붙어 있고, B형 적혈구

당 사슬에는 갈락토오스(galactose)라는 물질이 붙어 있음을 알아낸 것이지요. 따라서 AB형의 경우 N－아세틸갈락토사민과 갈락토오스를 모두 갖고 있고, O형은 두 가지 모두를 갖고 있지 않다는 것을 알 수 있어요.

혈액형을 결정하는 이들 물질(항원)은 대단히 강해서 쉽게 파괴되지 않는 특성을 갖고 있어요. 수십 년 이상 오래된 혈흔이나 화재 사건에서 강한 열을 받은 혈흔에서도 ABO 혈액형 검출이 가능할 정도로 ABO 혈액형 항원은 강하고 안정성이 있는 것으로 밝혀졌어요. 그러나 Rh, MN 혈액형 항

과학자의 비밀노트

항원-항체 반응

생물체는 외부로부터 병원체 등의 이물질이 들어오면, 그 물질에 대항하는 물질을 만들어 몸을 보호하는 방어 작용을 한다. 이 물질을 항체라고 하며, 항체를 만드는 원인이 되는 물질을 항원이라고 한다. 항체가 만들어지면 해당 항원과 특이적으로 결합하여 적혈구를 용해시키는 용혈 반응이 일어나 해당 항원을 제거하거나 기능을 약화시키는데, 이를 항원-항체 반응이라고 한다. 시험관 내에서 적혈구 응집 반응에 의해 혈액형을 판정하는 방법도 항원과 항체 사이의 특이적 반응의 일종이다. 특이적 반응이란 마치 서로 딱 맞는 열쇠와 자물쇠처럼 해당하는 항원과 항체 사이에서 이루어지는 결합 또는 반응의 특성을 일컫는 면역학 용어로, 흔히 '특이성(specificity)'이라고도 부른다.

원들은 쉽게 파괴되는 성질 때문에 한 달이 지나면 혈액형 검출이 불가능하답니다.

그동안 수십 종의 혈액형이 발견되었지만 위에서 설명한 세 종류의 혈액형이 과학 수사의 개인 식별에 가장 적합하지요. 여기서 한 가지 알아 두어야 할 중요한 것이 있어요. 유전 물질인 DNA는 적혈구에 있을까요? 아니면 백혈구에 있을까요?

__ 백혈구요. 왜냐하면 적혈구는 핵이 없는 세포이지만 백혈구는 핵을 가진 세포이기 때문이에요.

잘 대답했어요. 그렇다면 ABO 혈액형 검사가 적혈구에서 가능하다면, DNA 검사는 백혈구에서 가능하겠지요? 그러므로 적혈구와 백혈구가 혼합되어 있는 혈액이나 혈흔을 가지고 ABO 혈액형 검사와 DNA 검사를 모두 할 수 있답니다.

맨눈으로 보이는 혈흔에서는 어떤 검사를 할까요?

범죄 현장에서 발견되는 혈흔의 형상을 관찰하여 수사관들은 다음과 같은 사항들을 과학적으로 추정하거나 알아내야 합니다.

첫째, 흘러나온 혈액량은 얼마나 되는가? 둘째, 신체의 어

범죄 현장에서 발견되는 혈흔의 형상

느 부위에서 출혈되었는가? 셋째, 현장의 혈흔은 출혈 후 얼마나 시간이 지난 것인가? 넷째, 혈흔의 형상을 통해 피해자와 범죄자가 어디쯤에 위치해 있었는가? 등을 추정해야 하지요.

혈흔의 형상은 일정한 위치에서 수직으로 떨어진 낙하 혈흔, 수직이 아닌 일정한 각도에서 흐른 유하 혈흔, 피가 튀어 묻은 비산 혈흔으로 구분할 수 있습니다.

이처럼 혈흔의 형상을 관찰하여 사건 당시의 상황을 추정할 수 있어요. 범인 검거를 위해서 수사관들이 해야 할 일이 매우 많지요? 그래도 장래에 멋진 수사관이 되고 싶다면 지금 열심히 배우도록 하세요.

__ 네!

맨눈으로 보이지 않는 혈흔은 어떻게 찾을까요?

혈흔의 양이 너무 적어 맨눈으로는 혈흔이 보이지 않는 경우도 종종 있어요. 물로 세탁한 옷이라든가 물걸레로 범죄 현장의 피를 닦아 버렸을 경우, 혈흔을 찾기가 쉽지 않아요. 이럴 때 아예 혈흔이 없을 거라고 포기하면 안 됩니다. 반드시 혈흔을 찾기 위한 노력을 해야 합니다.

혈흔을 찾기 위해 몇 가지 시약을 사용해서 다음과 같은 순서로 시험을 합니다.

먼저, 혈흔일 가능성을 확인하는 혈흔 예비 시험을 합니다. 시험 방법으로 루미놀 시험법과 무색 마라카이트 록 시험법이 있습니다. 루미놀 시험법은 루미놀 시약을 분무기에 넣어 혈흔을 찾을 대상에 분무를 하는 것입니다. 그때 혈흔의 헤모

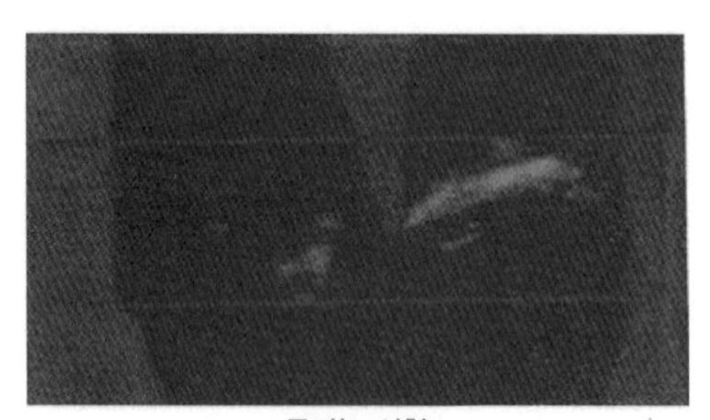

루미놀 시험

글로빈이 루미놀 시약과 접촉하게 되면 형광을 발산하므로 어두운 장소에서 실시해야 형광을 잘 볼 수 있습니다.

무색 마라카이트 록 시험법은 루미놀 시험법과 마찬가지로 혈흔으로 추정되는 물질에 무색 마라카이트 록 시약을 떨어뜨려 나타나는 색깔 변화를 통해 혈흔 가능성을 확인하는 방법입니다. 만약 시약이 혈흔의 헤모글로빈과 접촉하면 녹색으로 변해요. 이와 같은 시험법을 '색깔 반응' 또는 '정색 반응' 이라고 합니다. 주의할 점은 이들 시약이 혈흔이 아닌 물질에서도 반응한다는 것이에요.

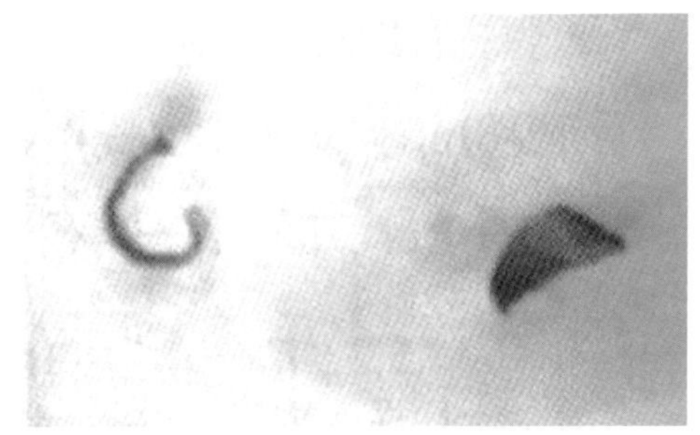

무색 마라카이트 록 시험

따라서 그다음 단계인 혈흔 확인 시험을 거쳐야만 혈흔으로 단정할 수 있어요. 혈흔 예비 시험에서 혈흔 양성 반응을 나타낸 부위에 헤모크로모젠 시약을 떨어뜨려 붉은 색깔 국

화 꽃술 모양의 결정체(헤모크로모젠 결정체)가 현미경에서 관찰되면 혈흔으로 단정할 수 있는 것이지요.

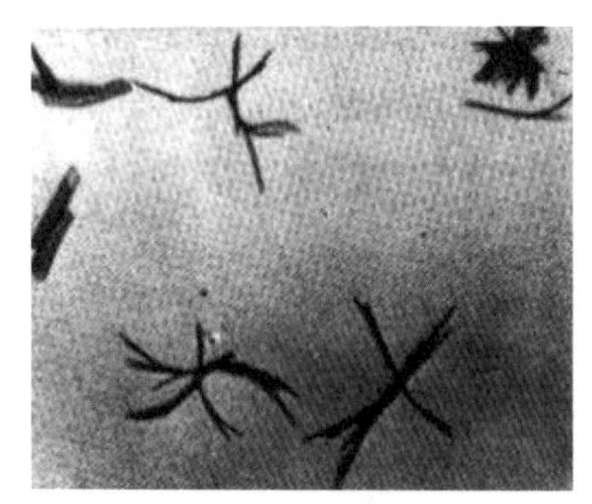

헤모크로모젠 결정체 시험

이처럼 혈흔으로 증명된 다음에는 사람의 혈흔 여부를 검사해야 해요. 만일 사람의 혈흔으로 증명되면 혈액형 검사를 실시하는 것이지요. 혈액형 검사를 할 때는 ABO 혈액형 검사를 우선적으로 합니다. ABO 혈액형 검사만으로 누구의 혈액인지 구분되지 않을 때, MN과 Rh 혈액형 검사를 병행하는 것이지요. 혈액형 검사의 목적은 범인을 식별하기 위한 개인 식별의 확률을 높이기 위한 것이에요. 한 종류의 혈액형보다는 세 종류의 혈액형이 일치하는 용의자 수사를 하게 되면 사건 해결에 큰 도움이 되겠지요?

혈액, 혈흔 증거물 채취는 어떻게 할까요?

수사관들은 혈액과 혈흔 증거물을 채취할 때 다음과 같은 사항에 주의해야 합니다.

첫째, 혈흔이 아닌 혈액일 경우에는 깨끗한 유리병 또는 시험관에 혈액을 넣은 다음 혈액이 새어 나오지 않도록 마개를 단단히 막아야 하며, 실내 온도는 4℃ 온도를 유지합니다. 겨울철에는 외부 온도가 낮기 때문에 별 문제가 되지 않으나 여름철에는 온도가 높아 혈액이 부패할 염려가 있습니다. 따라서 혈액이 담긴 유리병이나 시험관을 얼음 통에 넣어 운반해야 합니다.

둘째, 혈흔을 땅바닥이나 모래 위에서 채취해야 할 경우에는 주위의 흙과 모래를 함께 수거해 그늘에서 건조시킨 다음 증거물 봉투에 넣어 검사를 의뢰해야 합니다.

셋째, 의복, 천 등에 묻은 혈흔일 경우에는 혈흔이 묻은 부위마다 깨끗한 종이를 사이사이에 끼워 혈흔이 서로 닿지 않게 해서 옷 그대로를 포장하고 검사를 의뢰해야 합니다. 칼과 도끼 같은 흉기의 경우, 칼날이든 손잡이든 혈흔이 묻은 부위의 혈흔이 소실되지 않도록 주의를 기울여 건조시킨 다음 종

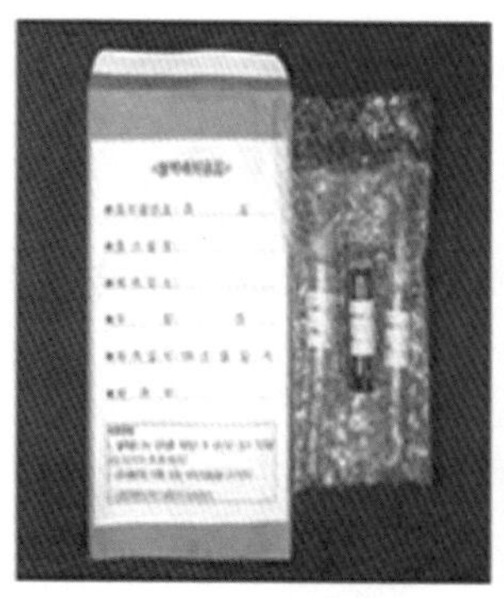

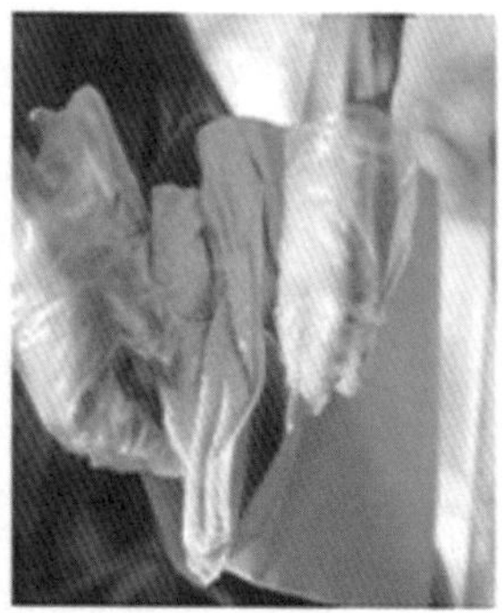

증거물 채취와 보존 요령

이봉투에 넣어 검사를 의뢰합니다.

넷째, 아스팔트나 벽면과 같이 이동할 수 없는 물체에 혈흔이 묻어 있을 경우에는 거즈 또는 면섬유에 증류수를 소량 묻혀 혈흔을 조심스럽게 묻히고 그늘에서 건조시킨 다음 종이봉투에 넣어 검사를 의뢰합니다.

그런데 왜 증거물을 햇볕이 아닌 그늘에서 건조시키고, 비닐 봉투가 아닌 종이봉투에 담아야 할까요? 혈액의 성분이 당지질 또는 당단백질이다 보니 온도가 높아지면 빠른 속도로 부패합니다. 그리고 혈액은 햇빛의 자외선에 의해 쉽게 파괴돼요. 건조식품인 마른 오징어, 쥐포 등은 부패할 염려가 없는 것처럼 혈액과 혈흔도 일단 건조시키면 부패할 염려가 없어요. 또한 혈액을 비닐 봉투에 담아서 밀봉하면 공기가 잘 통하지 않아 부패가 심해지지만 종이봉투는 통풍이 잘 되지요. 그래서 혈액 또는 혈흔을 그늘에서 건조시키고, 종이봉투에 담아야 하는 것입니다.

이처럼 증거물을 채취할 때는 섬세한 마음가짐으로 조심스럽게 증거물을 다루어야 합니다. 그럼 오늘 수업은 여기까지 하고, 다음 시간에 다시 만나기로 해요.

만화로 본문 읽기

와, 정말 신기하네요. 그럼 혈흔 증거물은 어떻게 채취하나요?

혈흔을 채취할 때는 다음과 같은 사항을 꼭 주의해서 아주 조심조심 채취해야 해요.

1. 혈액은 유리병 또는 시험관에 넣고 밀봉한다.
2. 혈흔을 땅 위에서 채취해야 할 경우, 주위의 흙과 함께 수거해 그늘에서 건조시킨 후 봉투에 넣는다.
3. 의복, 천 등에 묻은 혈흔은 묻은 부위마다 깨끗한 종이를 사이사이에 끼워 그대로를 포장한다.
4. 벽면에 혈흔이 묻어 있을 경우, 거즈 등에 증류수를 묻혀 혈흔을 묻힌 후 그늘에서 건조시킨다.

세 번째 수업 3

인체의 모발과 동물의 털

인체의 모발은 과학 수사에서 어떤 역할을 할까요?
모발의 개인 식별을 위한 검사에는 어떤 방법이 있을까요?

3

세 번째 수업

인체의 모발과 동물의 털

교.
과.
연.
계.

초등 과학 3-2	2. 동물의 세계
초등 과학 5-2	1. 우리의 몸
고등 생물 II	4. 생물의 다양성과 환경

베르티용이 멋진 턱수염을 쓰다듬으며 세 번째 수업을 시작했다.

여러분, 다시 만나서 반가워요. 여러분의 헤어스타일이 참으로 다양하군요. 각자의 개성을 나타내고 있어서 아주 보기 좋아요.

__ 선생님의 턱수염이야말로 멋지세요.

하하하. 우리 모두 장모(長毛)로 한껏 멋 부린 멋쟁이들이로군요.

__ 장모라면 기다란 털을 말씀하시는 건가요?

네, 인체의 모발은 장모와 단모로 구분할 수 있어요. 머리카락이나 나의 턱수염처럼 중간에 자르지 않으면 한없이 길

어지는 털은 장모에 속하고, 눈썹, 코털, 겨드랑이털처럼 그대로 두어도 길게 자라지 않는 털은 단모에 속하지요.

이와 같은 인체의 모발은 자연 탈락이 잘되기 때문에 범행 현장에서 쉽게 발견되며, 범죄 사건 해결에 중요한 단서가 되는 증거물이에요. 그럼 지금부터 과학 수사에서 빼놓을 수 없는 '털' 에 대하여 자세히 알아봅시다.

모발의 의미와 우리 몸에서의 역할

모발은 포유동물의 모발 뿌리에 존재하는 모낭이라는 곳에서 생성되어 자라 나온 피부가 변한 것입니다. 사람의 몸에는 여러 부위에 털이 생성되어 분포되어 있지요. 그런데 사람의 경우, 털이라는 용어보다 모발이라는 용어가 말하기도 좋고 듣기도 좋아요. 그래서 모발과 털을 혼용해서 쓰고 있어요. 그러나 동물의 털은 모발이라는 용어를 사용하지 않아요.

사람의 모발이나 동물의 털은 피부 표면을 보호하고, 더운 것과 추운 것을 조절하며, 외부의 충격, 마찰 등에 대한 방어 역할을 합니다. 또한 감각을 전달하기도 하고, 사춘기에 나타나는 '제2차 성징' 의 상징이기도 하지요. 남성은 턱수염과 콧

수염이 자라지만 여성은 수염이 생기지 않거나 생겨도 가늘고 짧게 자라 솜털 정도에 그칩니다. 이것은 남성 호르몬인 테스토스테론과 여성 호르몬인 에스트로겐의 영향을 받기 때문이지요.

그러면 부위별 털의 종류와 그 역할을 알아볼까요?

머리털은 뇌 표면을 보호하지요. 또한 사람들은 머리털 모양을 변화시켜 아름다운 헤어스타일을 만들기도 해요. 가슴털, 겨드랑이털, 다리털 등은 땀의 분비를 조절하여 몸의 체온을 유지하고, 코털, 귓속의 털, 속눈썹 등은 먼지, 벌레 등의 침입을 막아 몸을 보호하지요. 이처럼 우리 몸의 털은 각 부위에서 나름대로 중요한 역할을 하고 있어요.

모발의 다양한 형태와 구조

모발은 다양한 형태를 갖고 있어요. 직선으로 길고 뻣뻣한 모양, 물결 모양, 코일 모양, 사슬 모양 등이 있지요. 모발의 구조는 모발 줄기인 모간부와 모발 뿌리 부위인 모근부로 나누어요. 모간부는 피부 표면에서 밖으로 나와 있는 부위를 말하며, 모간부 표피는 마치 한옥에 기왓장을 쌓아 놓은 것 같

은 무늬 모양의 막을 형성하고 있어요. 이를 '모소피 무늬'라고 하며, 그 바로 안쪽을 '피질' 그리고 모간부 중심부를 차지하는 속 물질을 '수질'이라고 합니다.

모근부는 피부 속으로 들어가 있어 외부에서는 보이지 않아요. 모발을 조심스럽게 뽑았을 때 흰색 세포들이 붙어 있는 뿌리를 볼 수 있지요? 이를 '모근 세포'라고 합니다. 모근부 맨 아래쪽에는 비대한 둥근 형태의 모구가 있는데, 모구의 하부는 신경과 연결되어 있는 결합 조직이 있고 이 부위를 모낭이 둘러싸고 있어요. 모낭은 모발의 생성과 성장을 조절하는 역할을 한답니다.

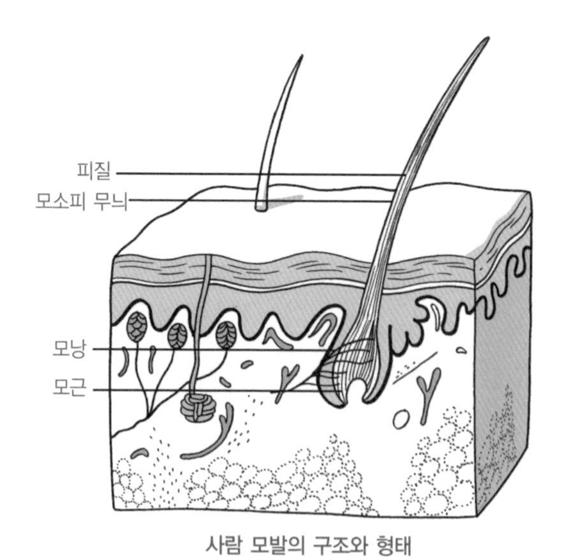

사람 모발의 구조와 형태

사건 현장에서 발견된 모발은 어떤 검사를 할까요?

모발은 사건 현장에서 흔히 발견됩니다. 그러나 그냥 봐서는 그 모발이 사건과 관련이 있는지는 알 수가 없어요. 사람에 따라 개인차가 있긴 하지만 하루에 약 50가닥씩 자연적으로 머리카락이 빠진다고 합니다. 그래서 수사관들이 사건 현장에서 발견한 모발이 사건과 관계가 있는지를 판단하는 데 어려움이 많아요. 어떻게 하면 사건과 관련이 있는 모발만 채취할 수 있을까, 항상 고민스러운 일이지요.

그러나 수사관들은 많은 교육과 훈련은 물론 경험을 통해 모발을 선별해서 채취할 수 있는 능력이 있지요. 수사관은 주로 피해자의 몸에 붙어 있는 모발이나, 피해자가 손에 쥐고 있는 모발을 채취하지요. 이와 같은 모발은 피해자와 범인 사이의 직접적인 접촉에 의한 것이거나, 저항하면서 상대방의 머리카락을 잡아 뽑았을 가능성이 높기 때문입니다.

모발은 일반적인 검사, 개인 식별을 위한 검사를 통해 누구의 모발인지를 알아냅니다.

일반적인 검사에서 먼저 맨눈으로 모발의 길이, 색깔, 광택, 경도 등을 검사해요. 모발의 색깔은 피질과 수질에 함유

되어 있는 멜라닌 색소의 양에 의해서 결정됩니다. 즉, 멜라닌 색소의 양이 많으면 검은색 모발, 멜라닌 색소가 적으면 갈색 모발, 멜라닌 색소가 없으면 흰색 모발로 관찰되지요. 이렇게 모발의 육안적 검사가 끝나면 현미경을 이용해 모발의 모소피 무늬, 수질, 횡단면의 형태 등을 검사합니다.

현미경으로 모소피 무늬를 관찰하면 다음 사진에서 보는 바와 같이 기왓장을 차례로 쌓아 놓은 것 같은 모양을 관찰할 수 있어요. 그러나 모소피 무늬 모양은 손가락 지문처럼 사람

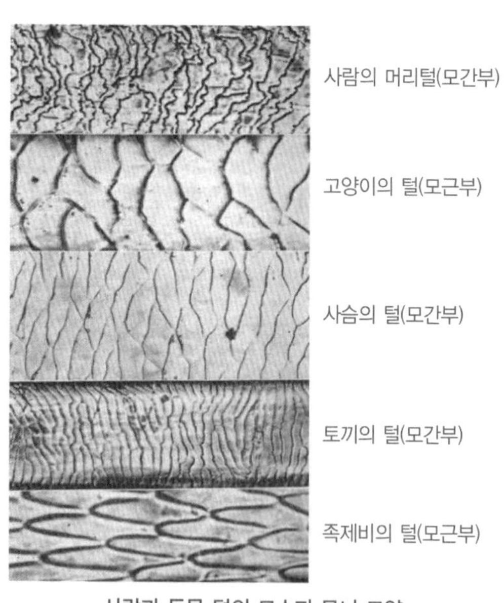

사람과 동물 털의 모소피 무늬 모양

마다 모두 다르지 않습니다. 따라서 누구의 모발인지 개인 식별에 별 도움이 되지 않지요. 다만 사람 모발과 동물 털의 모소피 무늬 모양은 뚜렷하게 다르기 때문에 사람 모발과 동물 털을 구별할 수 있어요.

수질 검사는 모발 시료를 두 장의 유리판 사이에 끼워 현미경 배율 100~400배에서 관찰을 통해 이루어집니다. 사람 모발의 수질의 형태는 수질이 아예 없는 모양, 연속상, 단속상, 점속상이 있어요. 사람 모발의 혈액형 물질, 즉 혈액형 항원은 바로 수질에 존재하지요. 그러므로 모발을 가지고 혈액

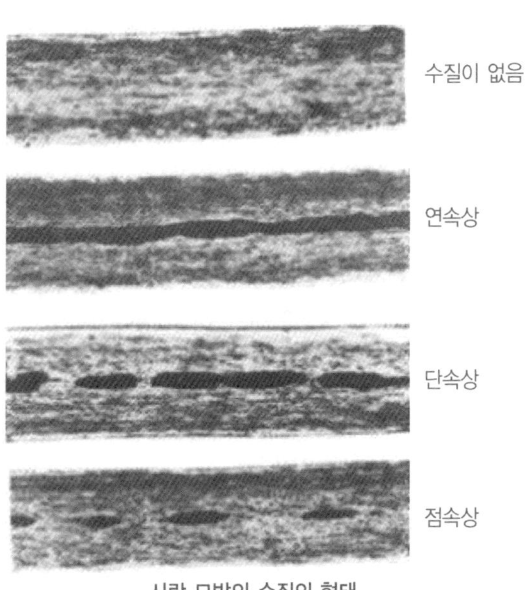

사람 모발의 수질의 형태

형을 판정하기 위해서는 모발 속 수질을 노출시킨 다음 혈액형 검사를 해야 합니다.

사람의 모발을 가로로 절단한 횡단면 모양은 부위별로 다르고, 동물 털 횡단면의 모양도 각양각색이지요. 따라서 모발 횡단면의 모양을 보고선 인체 어느 부위의 털인지, 어떤 동물의 털인지를 판단할 수가 있어요.

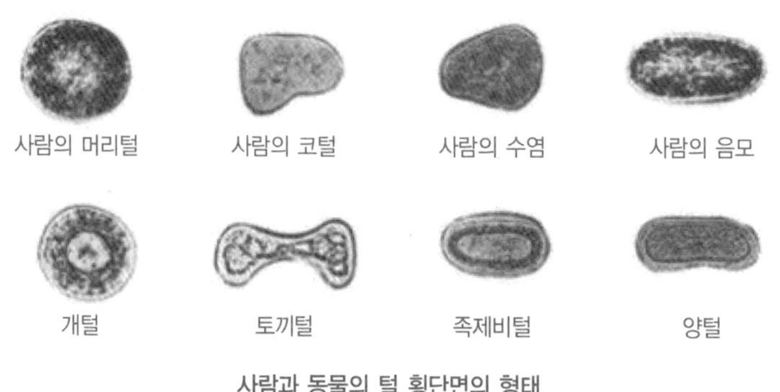

사람과 동물의 털 횡단면의 형태

모발의 개인 식별을 위한 검사는 한두 가지 검사로는 부족하며 다음과 같이 여러 방향으로 검사하여 얻어진 결과를 종합해 범죄 상황을 추정할 수 있습니다.

모발을 자른 후 경과 일수 검사

사람의 털은 일정 기간 성장하다 탈락되고 새로 생겨나 성장을 거듭하지요. 새로 난 털은 끝 부분이 바늘처럼 뾰족한 모양을 하고 있으나 시일이 지나면서 털의 끝 부분이 마모되고 닳아 서서히 둥근 모양으로 변화해요.

따라서 모발을 자른 후 얼마나 시일이 지났는지는 모발 끝 부분이 얼마만큼 닳았는지를 보고 알 수 있습니다.

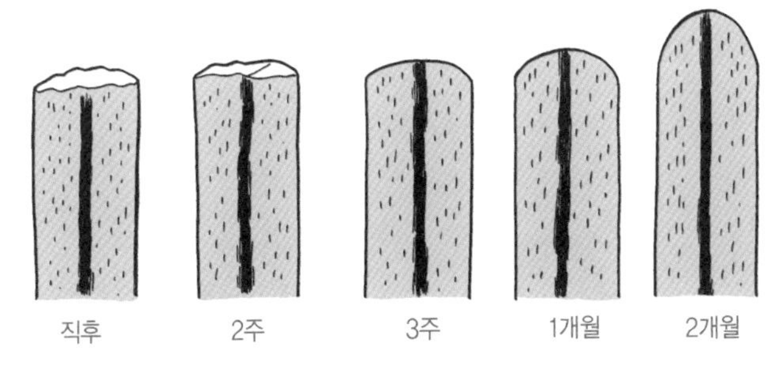

모발을 자른 후 시일이 경과함에 따라 모발 끝 부분의 형태 변화

모발의 파마, 염색 유무 검사

모발을 파마 또는 염색을 했는지의 검사는 개인 식별을 위해 대단히 중요해요. 파마를 한 모발은 약품과 열기구 등을 이용하여 모발의 성분을 변성시키면서 모발 모양을 고불고불한 형태로 변화시키지요. 그래서 파마를 했는지의 여부를 쉽게 알 수 있어요.

그리고 염색된 모발인지를 검사하는 방법은 30% 과산화

수소수에 모발을 3~5시간 정도 담가서 탈색되는지를 관찰하여 판단하는 것입니다. 염색된 모발은 염색제 색깔이 탈색되지 않아요. 그러나 염색하지 않은 모발은 멜라닌 색소가 탈색되어 투명하게 보이지요. 또한 모발의 횡단면 표본을 만들어 현미경에서 관찰하면 염색된 모발은 모발 표피 부분에 염색제의 색소가 그대로 남아 있으나 염색되지 않은 모발은 표피 부분에 색소가 없어 투명하게 보이기 때문에 염색 여부를 알 수 있어요.

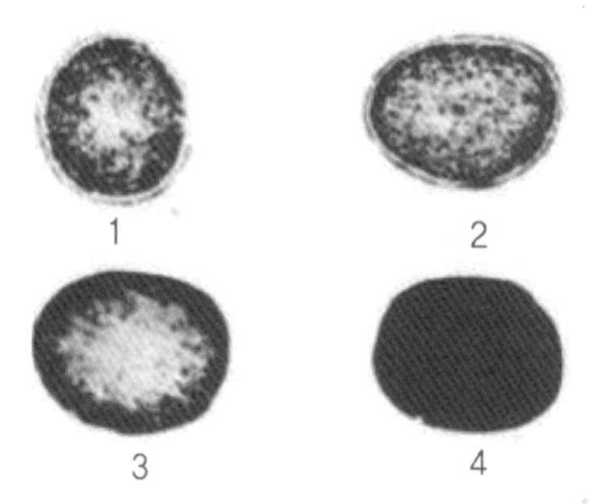

1 : 염색되지 않음.　2, 3 : 피질 부분 염색됨.　4 : 모발 중심부 완전히 염색됨.

염색된 모발 횡단면의 여러 가지 형태

자연 탈락모인지 또는 강제로 뽑힌 모발인지를 검사

모근의 형태를 검사해 보면 자연 탈락모인지 아니면 강제로 뽑힌 모발인지를 알 수 있습니다. 보통 한 가닥의 모발이

자연 탈락된 모발의 모근의 형태

강제로 뽑힌 모발의 모근의 형태

고착하려는 힘은 50gf 정도이므로 이 힘보다 더 강한 힘으로 잡아당겨야 모발이 뽑히겠지요. 이때 모근의 형태를 보고 자연 탈락된 것인지 아니면 힘을 가해 뽑힌 것인지를 알 수 있습니다.

한편 모발도 일정한 수명이 있어요. 수명을 다한 모발은 자연 탈락되고, 다시 모낭에서 새로운 모발이 생성되어 자라나지요. 이때 자연 탈락된 모발의 뿌리는 각질화되어 곤봉 같은 모양을 하고 있어요. 이를 자연 탈락모라고 하지요.

범죄 현장에서 발견되는 모발은 용의자와 피해자가 다투거

나 저항하면서 서로 상대방의 머리털을 잡아 뽑았을 경우가 있어요. 따라서 범죄 현장에는 사건과 관련되어 강제로 뽑힌 모발과 자연 탈락된 모발이 함께 섞여 있을 수 있어요. 수사관은 사건 현장에서 모발 증거물을 채취할 때 상상력과 추리력으로 세심한 주의를 기울여야 해요.

모발 채취 시 주의 사항

사건 현장에서 어떤 물체에 모발이 붙어 있을 때, 그 상태를 상세히 기록하고 사진으로 촬영한 후 채취해야 합니다. 특히 교통사고에서 자동차 바퀴나 범퍼 등 차체에 붙은 모발을 채취할 때는 너무 강한 힘을 가하면 모발에 손상을 입힐 수 있어요. 그러면 나중에 모발을 검사할 때 사고 당시에 생긴 손상인지 아니면 채취할 때 생긴 손상인지를 판단하기가 어려워집니다.

용의자나 피해자의 모발을 인위적으로 뽑을 때 주의할 것은 모발이 늘어나지 않도록 모근 쪽에 힘을 가해 모근까지 뽑아야 한다는 것이에요. 피해자 또는 용의자의 머리카락을 채취할 때는 머리의 앞과 뒤, 왼쪽과 오른쪽에서 각각 열 개 이상

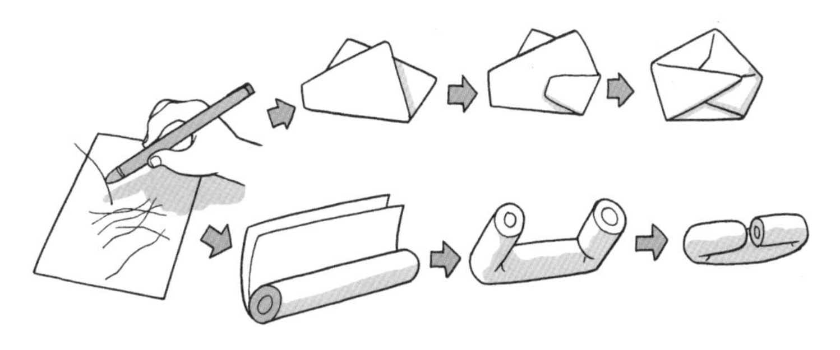
모발의 채취와 포장 방법

씩 채취해야 합니다.

혈액형을 검사하기 위해 필요한 모발의 양은 길이가 최소 6cm 이상인 모발 세 가닥 이상이 필요하며, DNA 검사를 위해서는 모발 한 올이라도 모근 세포가 붙어 있어야 합니다.

만화로 본문 읽기

흠흠, 이거 대단한 단서를 찾았군!
에이~, 겨우 머리카락 한 올인걸요?
아니에요. 단서로서 머리카락은 대단한 의미를 가지고 있답니다.

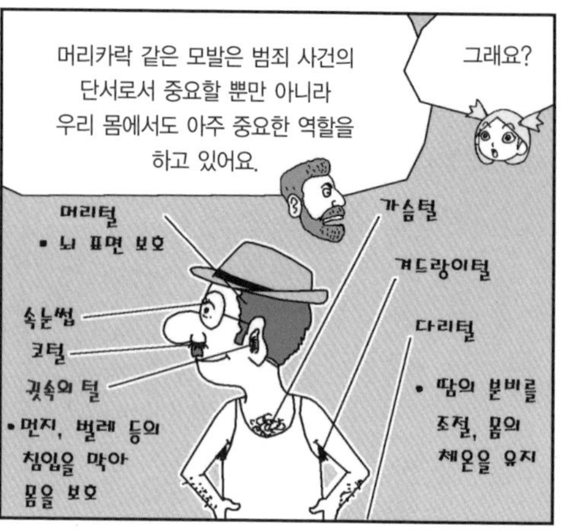
머리카락 같은 모발은 범죄 사건의 단서로서 중요할 뿐만 아니라 우리 몸에서도 아주 중요한 역할을 하고 있어요.
그래요?
머리털
• 뇌 표면 보호
속눈썹
코털
귓속의 털
• 먼지, 벌레 등의 침입을 막아 몸을 보호
가슴털
겨드랑이털
다리털
• 땀의 분비를 조절, 몸의 체온을 유지

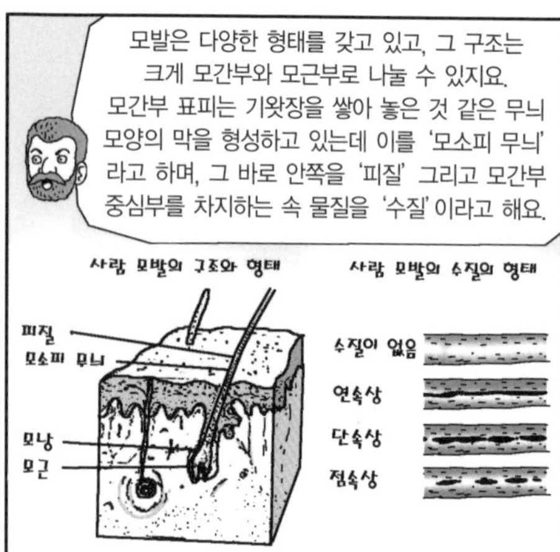
모발은 다양한 형태를 갖고 있고, 그 구조는 크게 모간부와 모근부로 나눌 수 있지요. 모간부 표피는 기왓장을 쌓아 놓은 것 같은 무늬 모양의 막을 형성하고 있는데 이를 '모소피 무늬'라고 하며, 그 바로 안쪽을 '피질' 그리고 모간부 중심부를 차지하는 속 물질을 '수질'이라고 해요.
사람 모발의 구조와 형태
피질
모소피 무늬
모낭
모근
사람 모발의 수질의 형태
수질이 없음
연속상
단속상
점속상

그럼 저 모발로 어떤 검사를 하나요?
우선 맨눈으로 모발의 길이, 색깔, 광택, 경도 등을 검사하고 현미경으로 모소피 무늬를 관찰하면 개인 식별은 어려워도 동물과 사람의 털은 구분할 수가 있답니다.
사람과 동물 털의 모소피 무늬 모양
사람의 머리털
고양이의 털
사슴의 털
토끼의 털
족제비의 털

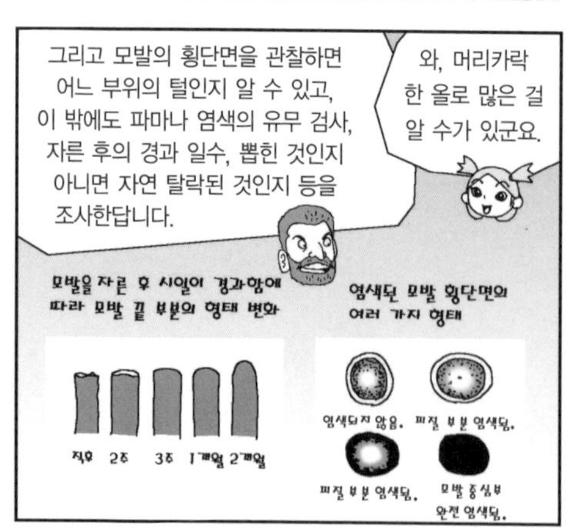
그리고 모발의 횡단면을 관찰하면 어느 부위의 털인지 알 수 있고, 이 밖에도 파마나 염색의 유무 검사, 자른 후의 경과 일수, 뽑힌 것인지 아니면 자연 탈락된 것인지 등을 조사한답니다.
와, 머리카락 한 올로 많은 걸 알 수가 있군요.
모발을 자른 후 시일이 경과함에 따라 모발 끝 부분의 형태 변화
직후
2주
3주
1개월
2개월
염색된 모발 횡단면의 여러 가지 형태
염색되지 않음.
피질 부분 염색됨.
피질 부분 염색됨.
모발 중심부 완전 염색됨.

흠흠, 물론 조사도 중요하지만 수사관에겐 채취 시 주의 사항을 잊어선 안 된단 말씀!
네, 알겠습니다!!
모발 채취 시 주의 사항
1. 채취 시 그 상태를 기록하고 사진으로 촬영한 후 채취해야 한다.
2. 채취할 때는 너무 강한 힘을 가해 모발에 손상이 가지 않도록 한다.
3. 신체에서 인위적으로 뽑을 때는 모발이 늘어나지 않도록 모근 쪽에 힘을 가해 모근까지 뽑아야 한다.

네 번째 수업 4

인체의 뼈

인체의 뼈가 과학 수사에서 왜 중요할까요?
인체의 뼈를 대상으로 개인 식별은 어떻게 할까요?

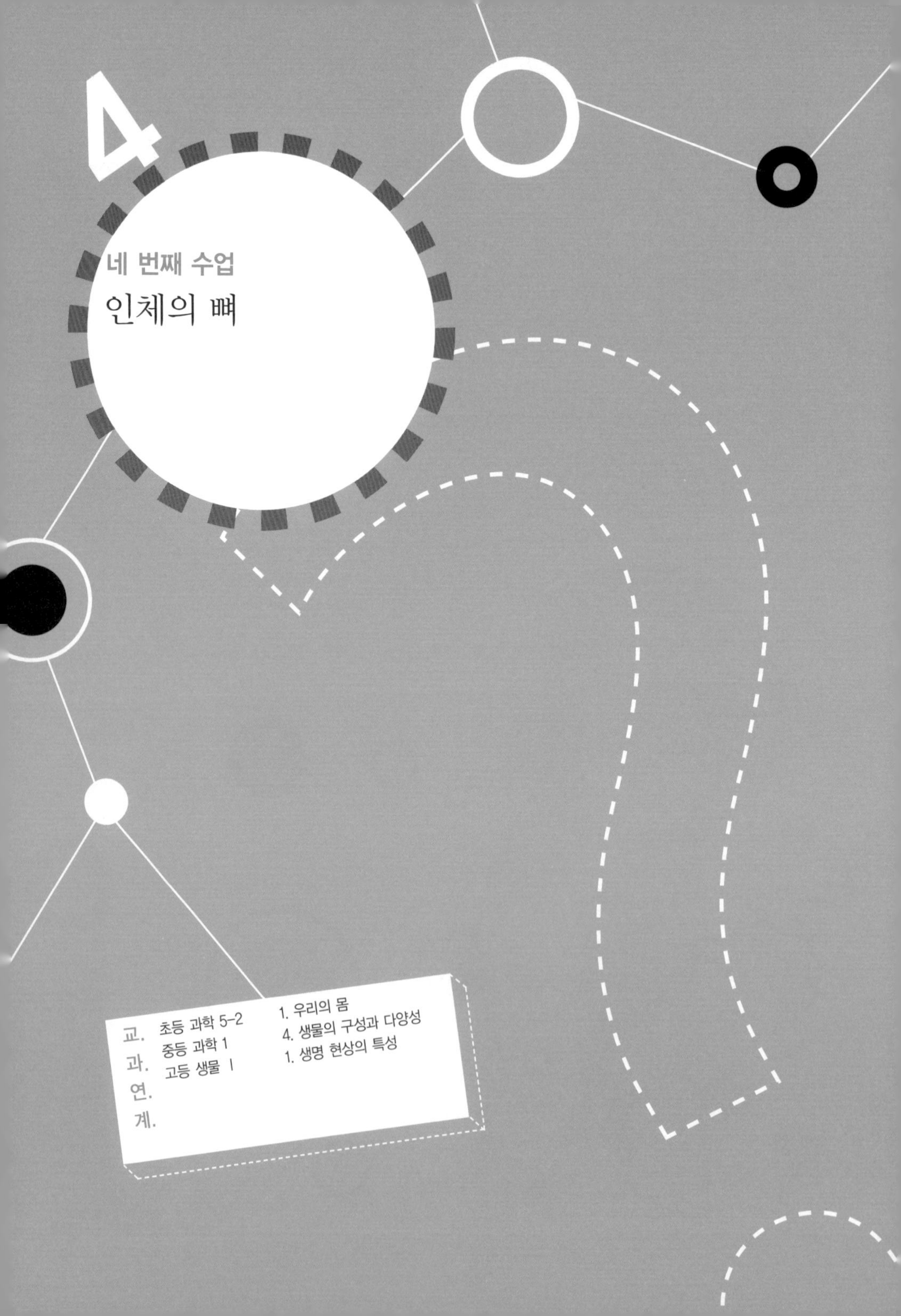

4

네 번째 수업

인체의 뼈

교.
과.
연.
계.

초등 과학 5-2	1. 우리의 몸
중등 과학 1	4. 생물의 구성과 다양성
고등 생물 Ⅰ	1. 생명 현상의 특성

베르티용이 남녀 인체의 뼈 모형을
교탁에 올려놓고 네 번째 수업을 시작했다.

오늘은 이상하게 여러분의 표정이 딱딱하게 굳어 있군요. 무슨 일이 있나요?

__ 선생님께서 웬 해골을 잔뜩 가져오셔서 분위기가 으스스해진 것 같아요. 진짜 뼈가 맞나요?

하하하, 무서워하지 않아도 됩니다. 이것은 진짜 사람의 뼈가 아니라 단단한 석고로 만든 뼈 모형일 뿐이에요. 사람의 뼈는 과학 수사에서 중요한 증거 자료가 된답니다.

살인 사건이 일어났다고 생각해 보세요. 이때 결정적인 증거가 되는 것은 무엇일까요? 바로 시체예요. 하지만 시체는

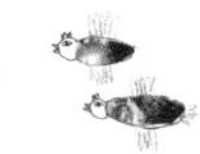

단시일 내에 부패되고, 변형돼 버려요. 이에 반해 뼈는 오랫동안 원형 그대로 보존할 수 있어서 시체 가운데 유일한 증거 자료가 돼요.

따라서 과학 수사에서는 죽은 사람의 뼈를 관찰하여 신원을 확인하는 작업을 필수적으로 하는 것이지요. 그럼 지금부터 뼈를 가지고 이루어지는 과학 수사를 알아봅시다.

인체에서의 뼈의 역할

뼈는 사람을 포함한 척추동물에서 가장 단단한 조직이다 보니 몸을 지탱하고, 몸 안의 중요한 기관들을 보호하는 역할을 합니다. 예를 들어 머리뼈는 뇌를 보호하며, 늑골은 심장, 간, 허파, 위 같은 기관을 보호하지요. 뼈는 콜라겐이라는 단백질과 수분으로 이루어졌고, 그 밖에 칼슘과 인, 무기 염류가 들어 있어요.

그런데 여기서 잠깐, 두 번째 시간에 배운 혈액이 어디에서 만들어지는지 알고 있나요? 바로 뼛속에서 만들어진답니다. 머리뼈, 다리뼈, 엉덩뼈 같은 큰 뼛속에는 적혈구, 백혈구, 혈소판을 생성하는 조혈 기관인 골수강이 있어 이곳에서 혈액을 만들어 내고 있어요.

과연 우리 몸의 뼈는 모두 몇 개나 될까요? 머리뼈는 약 33개, 척추뼈는 약 26개, 팔뼈와 손뼈는 약 64개, 다리뼈와 발뼈는 약 62개, 체간골은 약 25개(어깨뼈, 골반, 빗장뼈, 복장뼈, 늑골을 포함) 등 총 210개 정도입니다. 그런데 뼈의 개수는 사람마다 동일하지 않아요. 그래서 '약' 몇 개라고 소개했어요. 어렸을 때는 뼈의 개수가 더 많았으나 어른이 되면서 뼈의 경계가 합쳐져서 두 개의 뼈가 하나의 뼈로 합쳐지기도 하고, 소실되기도 하지요.

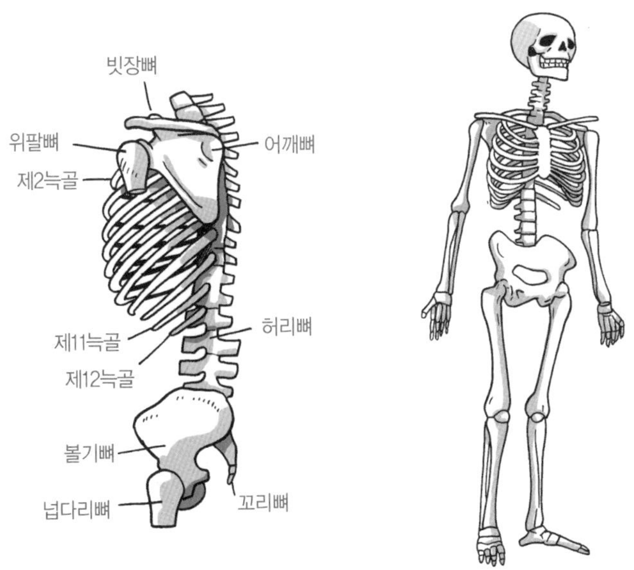

인체 뼈의 구조와 형태

뼈의 법의학적 검사

사람의 생명이 끊어져 시체가 되었을 경우, 시체가 부패되어 모든 부위가 소실되어도 뼈는 원형 그대로 남는다고 했지요? 특히 화재 사건, 항공기 추락 사건, 폭발 사건 등이 발생하면 형체를 알아볼 수 없는 시체나 산산조각이 난 뼛조각(골편)이 발견되기 일쑤입니다. 또 오래 방치한 시체의 경우 주로 백골만 남은 상태로 발견되기도 하지요.

뼈만 남은 시체가 발견되면 수사관은 뼈가 있는 현장을 그대로 보존해야 합니다. 그리고는 신원 확인을 위해 과학 수사 연구원인 법의학자의 현장 출동을 요청하지요. 법의학자가 현장에 도착하면 가장 먼저 뼈의 형태, 뼈의 개수 등을 관찰하여 시체의 형태를 파악하고 신원 확인의 가능성 여부를 추정합니다. 그리고 즉시 뼈를 수거하여 담당 수사 기관의 검사 의뢰서와 함께 실험실로 운반하지요. 이때 뼈를 증거로 신원 확인에 필요한 학문의 도움을 받습니다. 법의학은 물론 법 생물학, 법 인류학, 법치학 등의 지식을 동원하여 신원 확인을 위한 검사를 실시합니다.

우선 사람의 뼈인지 또는 동물의 뼈인지를 검사합니다. 만일 사람의 뼈로 증명될 경우, 신체 어느 부위의 뼈인지, 뼛조각만 남아 있을 때도 반드시 뼈의 주인이 누구인지 밝혀내야 합니다. 검사 방법으로는 혈액형 검사, 성별 검사, 연령 검사, 신장(身長) 검사, 사망 후 경과 시간 검사, 뼈에 어떤 손상이 있는지의 검사, 사망 원인 추정 등이 있으며, 이를 통해 신원을 확인하게 됩니다.

사람 뼈인가, 동물 뼈인가?

사람의 뼈인지를 검사하는 방법으로는 뼈의 형태를 관찰하여 판정하는 검사와 '항 사람 뼈 면역 혈청'을 이용한 항원—항체 반응 원리를 이용한 검사가 있어요.

뼈의 형태에 의한 검사는 뼈의 모양과 크기, 개수 등의 검사로 쉽게 사람의 뼈인지 동물의 뼈인지 구별이 가능하지요. 그러나 뼈가 손상되어 뼛조각만 남아 있을 경우에는 뼈를 조직 표본으로 만들어 현미경으로 관찰하여 검사하지요.

뼈 조직 중에는 혈관의 통로인 하버스 관(harversian canal)이 있는데 사람과 동물은 하버스 관의 굵기와 크기, 개수 등에서 큰 차이가 있어 쉽게 구분이 가능합니다.

예를 들면 사람의 어깨뼈에 있는 하버스 관의 굵기는 평균 35㎛(1㎛$=\frac{1}{1,000}$mm), 개수는 평균 1.59개이나 원숭이의 하

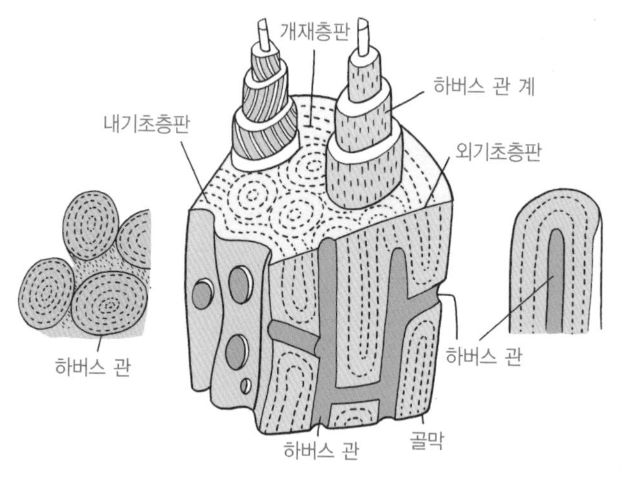

뼈 조직과 하버스 관의 형태

버스 관의 굵기는 평균 27㎛, 개수는 평균 3.83개이고, 토끼의 경우 하버스 관의 굵기는 평균 13㎛, 개수는 평균 4.97개입니다.

한편 불에 탄 뼈인지를 검사하는 방법도 있습니다. 불에 탄 뼈는 본래 백색의 색깔이 어두운 회색으로 변색되어 있고, 뼛속 골수에 균열이 생겨 손상된 형태를 볼 수 있어요.

뼈의 혈액형 검사

뼈를 재료로 ABO 혈액형 검사가 가능합니다. 먼저 혈액형을 검사할 뼈를 잘게 부수어 가루로 만듭니다. 뼛가루(골

과학자의 비밀노트

ABO 혈액형 판정을 위한 흡수 시험법의 원리

○ : 항체
● : 적혈구

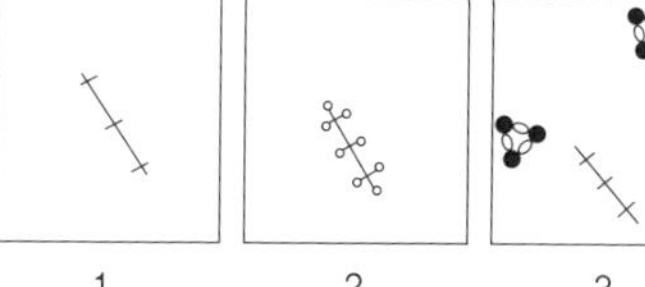

1. 소량의 뼛가루를 준비한다.
2. 뼛가루의 항원에 해당 항혈청(항체)이 흡수(결합)된 상태의 모양이다(예를 들면 A형 뼛가루에 항A혈청의 항체가 특이적으로 흡수됨).
3. 뼛가루의 항원에 해당 항혈청(항체)이 흡수(결합)되지 않아 그대로 남아 있는 항체에 가해진 해당 적혈구와 특이적으로 응집된 상태의 모양이다.
4. 뼛가루의 항원과 항혈청의 항체가 특이성이 없기 때문에 항체가 흡수(결합)되지도 않고, 대조 적혈구와 비특이적이기 때문에 응집이 되지 않은 상태의 모양이다(예를 들면 B형 뼛가루에 항A혈청의 항체가 비특이적으로 흡수되지 않아서 항체에 대조 적혈구가 응집되지 않아 항체, 적혈구가 따로 분리되어 있음).

〈뼛가루에서 흡수 시험법에 의한 혈액형 판정 예〉

뼛가루	항혈청	항혈청 희석 배수 1	2	4	8	16
A형 뼛가루	항A혈청	−	−	−	−	−
	항B혈청	#	#	+	+	−
	항H혈청	#	+	−	−	−
B형 뼛가루	항A혈청	#	#	+	+	−
	항B혈청	−	−	−	−	−
	항H혈청	#	+	−	−	−
O형 뼛가루	항A혈청	#	+	+	+	−
	항B혈청	#	+	+	+	−
	항H혈청	−	−	−	−	−

: 강한 혈구 응집 반응
+ : 보통 정도의 혈구 응집 반응
− : 혈구 응집 반응이 일어나지 않음

분)를 약 0.2g씩 취해 3개의 시험관에 각각 넣고, 항A혈청, 항B혈청, 항H혈청과 반응시킵니다. 이것은 항원—항체 반응 원리를 이용한 검사법으로 혈구 응집 유무에 따라 혈액형을 판정할 수 있습니다. 즉, A형의 뼛가루는 항A혈청 응집소를, B형의 뼛가루는 항B혈청 응집소를, O형의 뼛가루는 항H혈청 응집소를 흡수하므로 해당 혈구 부유액을 가해도 혈구의 응집이 일어나지 않지요.

뼈의 성별 검사

뼈를 대상으로 남녀를 구분하는 방법은 뼈의 형태학적 특징에 의해서 가능하지요. 특히 머리뼈와 골반의 형태로 쉽게 남녀를 구분할 수 있어요.

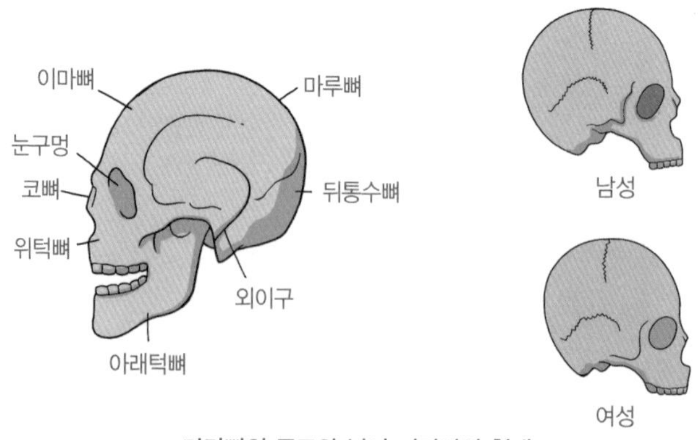

머리뼈의 구조와 남녀 머리뼈의 형태

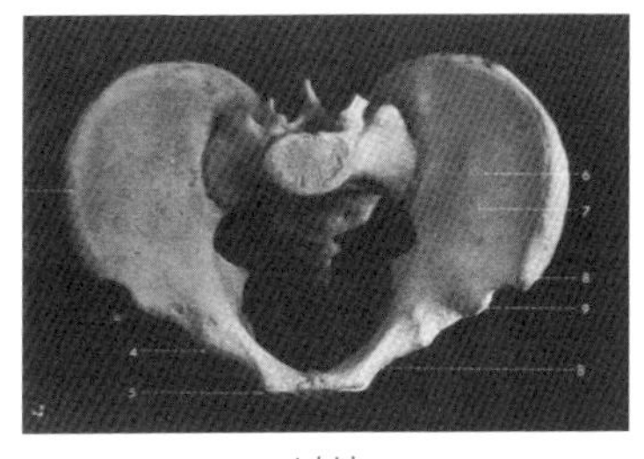
남성

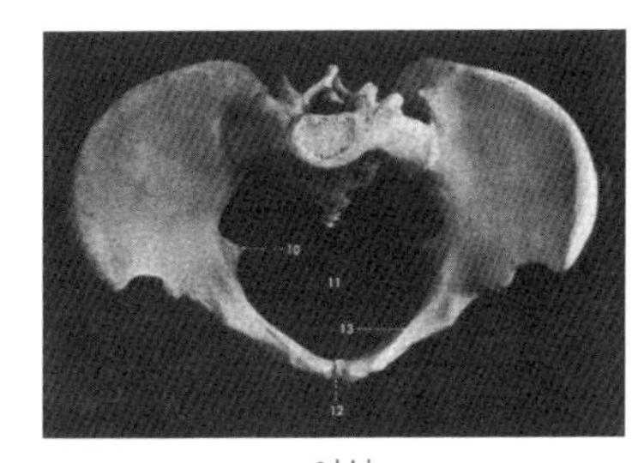
여성

남녀 골반의 형태

일반적으로 남성의 머리뼈는 여성에 비해 윤곽이 뚜렷하며, 크고 폭이 넓습니다. 반면에 여성의 머리뼈는 남성보다 작고 폭도 좁으면서 특히 목뼈가 긴 것이 특징이지요.

골반의 형태를 보면 여성의 경우 전체의 폭이 넓으나, 남성은 좁은 것이 특징입니다. 만일 머리뼈와 골반이 파손된 상태라면 남녀 구분이 불가능해요.

나이의 추정

인체의 뼈로 연령 검사는 가능할까요? 해부학자 또는 인류학자들은 사람의 성장과 노화에 따른 뼈의 형태학적 변화를 관찰하여 연령 검사를 하고 있습니다. 많은 검사법이 있는데, 그중 아래턱뼈 각도에 의한 연령 추정을 설명하겠습니다.

사람은 나이가 들면서 치아가 빠지거나 치아를 받치고 있

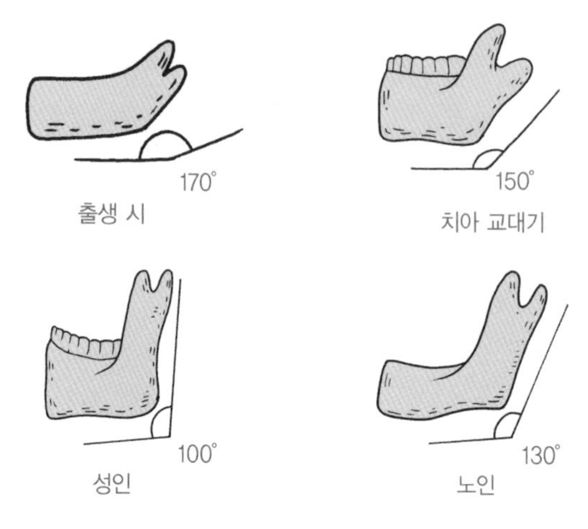

아래턱뼈의 각도 변화에 따른 연령의 추정

는 잇몸 부위가 약해지면서 턱뼈의 각도가 변화합니다.

갓 태어난 태아는 170°, 이가 빠지면서 새 이로 교환되는 치아 교환기에는 150°, 성인이 막 되어서는 100°로 변화합니다. 그 후 연령별로 연구된 턱뼈의 각도를 살펴보면 35세에는 110°, 55세에는 120° 그리고 70세가 되면 130°의 각도로 변화합니다.

그러므로 백골이 된 시체의 아래턱뼈의 각도를 관찰하면 나이를 쉽게 추정할 수 있어요. 이처럼 뼈를 관찰하여 별의별 지식을 얻을 수 있다는 것이 참 신기하지요?

시체가 백골이 되는 시간

시체를 방치하면 부패합니다. 가장 연한 피부 조직인 피부 밑 조직부터 부패가 시작되어 근육과 조직들이 소실되고 결국 백골만 남게 되지요.

__ 선생님, 그럼 뼈만 남게 되는 데 얼마나 오래 걸리나요?

시체를 어디에 보관하느냐에 따라 백골이 되는 데까지 걸리는 시간은 많은 차이가 있어요. 만약 시체를 냉동 보관하면 부패하지 않고 수십 년 이상 보존도 가능하답니다.

여기서는 일반적으로 시체가 백골이 되는 시간을 설명하겠어요. 일반적으로 땅속이 아닌 땅 위에 시체가 1년 정도 있으면 약간의 근육이 남아 있는 백골 상태가 됩니다. 땅속에 시체가 묻혀 있을 경우는 일부 근육과 조직들이 소실된 백골 상태가 되기까지 3～5년 정도가 걸리며, 완전 백골 상태가 되기까지는 보통 5년 정도가 소요됩니다.

그 후 뼈도 부패하고 소실되는 변화가 생기게 됩니다. 5～10년에 걸쳐 뼈의 지방질이 소실되고 나면 10～15년에 걸쳐 뼈가 부패되고 부서집니다. 따라서 15년이 지나면 거의 뼈 본래의 형태를 관찰하기 어렵게 돼요. 이처럼 뼈의 상태를 관찰하여 사망한 지 얼마나 오래 되었는가를 판단할 수 있습니다.

만화로 본문 읽기

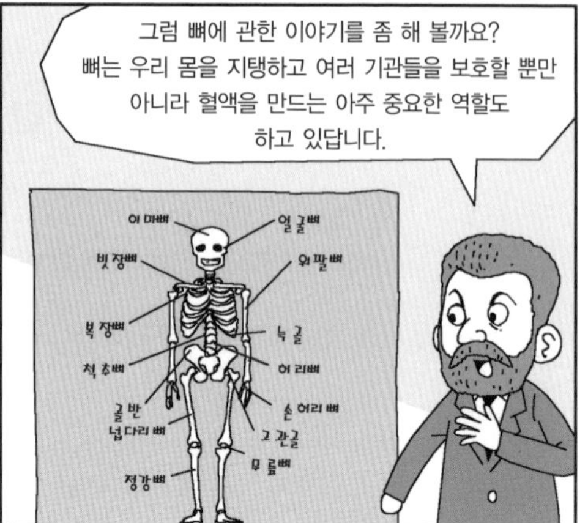

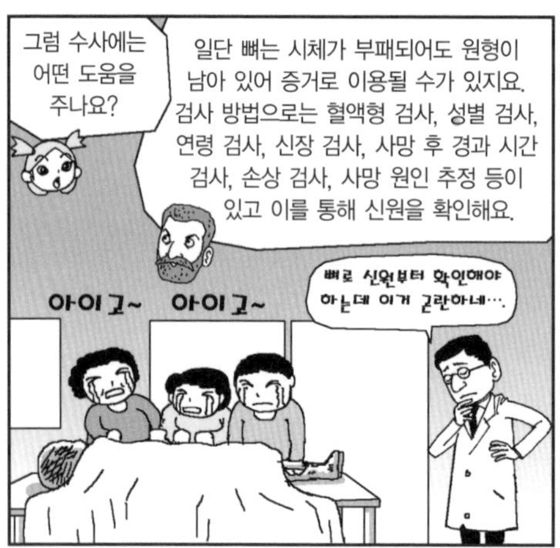

흠흠, 제가 더 설명하지요. 우선 항원-항체 반응 원리를 이용한 검사와 뼈의 형태에 의한 검사로 사람의 뼈인지 동물의 뼈인지 구분할 수 있어요. 특히 하버스 관의 굵기와 크기, 개수 등은 동물과 사람에 따라 큰 차이가 있어 쉽게 구분이 가능하답니다.

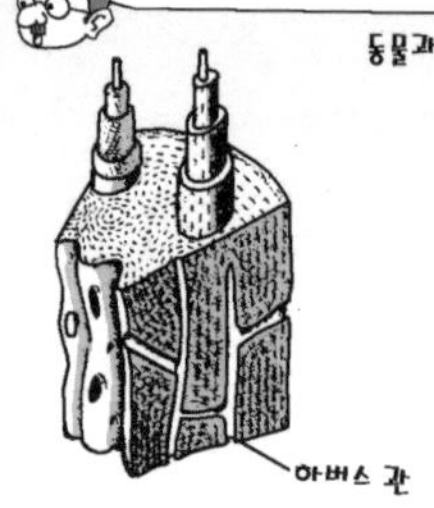

동물과 사람의 하버스 관 (1㎛ = $\frac{1}{1,000}$ MM)

사람의 어깨뼈	
굵기	평균 35㎛
개수	평균 1.59개
원숭이의 뼈	
굵기	평균 27㎛
개수	평균 3.83개
토끼의 뼈	
굵기	평균 13㎛
개수	평균 4.97개

다섯 번째 수업

5

DNA 지문

DNA와 DNA 지문이란 무엇일까요?
DNA 지문 검사법은 얼마나 정확할까요?

5

다섯 번째 수업

DNA 지문

교. 과. 연. 계.

초등 과학 5-2	1. 우리의 몸
중등 과학 3	8. 유전과 진화
고등 생물 II	4. 생물의 다양성과 환경

베르티용이 학생들에게 꽈배기를 나누어 주면서 다섯 번째 수업을 시작했다.

자, 오늘은 여러분을 위해 간식을 준비해 왔어요. 그동안 여러분이 열심히 공부한 대가이니 맛있게 먹도록 해요.

__ 와, 내가 좋아하는 꽈배기잖아. 선생님, 맛있게 잘 먹겠습니다.

__ 선생님, 전 이 꽈배기 모양을 어디선가 본 것 같아요.

__ 맞아요. 교실 뒤쪽에 꽈배기 모양의 모형이 있어요.

아, 저것은 DNA 모형이에요. 마침 오늘 수업 주제도 DNA에 대한 것인데 잘됐군요. 오늘 수업을 잘 들어야 나중에 범인을 잘 잡는 명탐정이 될 수 있어요. 그럼 지금부터 DNA 모형

을 보면서 수업을 시작합시다.

아버지와 어머니의 얼굴 생김새 또는 성질이 자식에게 전해지는 유전은 세포핵 속에 들어 있는 유전자에 의해 이루어지는데, 유전자의 본체인 유전 물질이 바로 DNA(deoxyribonucleic acid)입니다. 즉, DNA는 모든 생물의 세포 속에 존재합니다. DNA는 염기, 당, 인산이 결합된 뉴클레오타이드(nucleotide)라는 핵산으로 이루어져 있으며, 특히 염기는 아데닌(adenine, A), 구아닌(guanine, G), 티민(thymine, T), 사이토신(cytosine, C)의 네 종류로 구성되어 있습니다. DNA의 구조는 1953년 왓슨(James Watson, 1928~)과 크릭(Francis Crick, 1916~)에 의해 이중 나선 구조로 밝혀졌어요.

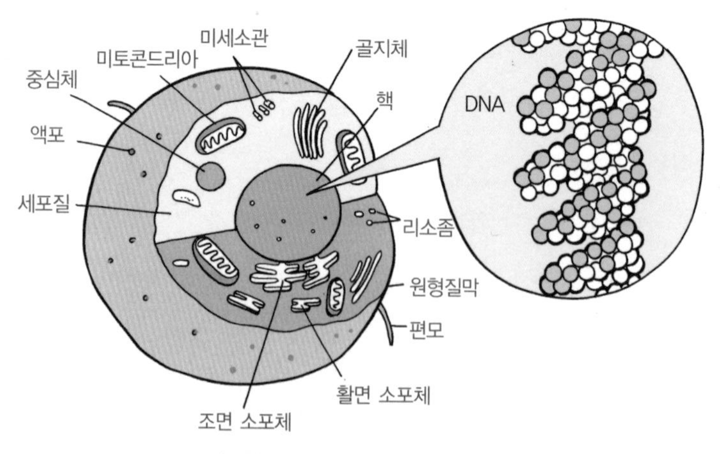

세포핵 속에 들어 있는 DNA의 구조

DNA 지문이란?

오늘날 과학 수사의 혁명이라 할 만큼 획기적인 감정 기법으로 DNA 지문(DNA fingerprints)법이 개발되어 전 세계적인 관심사가 되었습니다. 그럼 DNA 지문의 최초 발견부터 알아볼까요?

1985년 영국의 레스터 대학교에 제프리스 유전학 교수가 있었는데, 그는 사람의 유전자를 연구하다가 미니새터라이트(minisatellite)라는 짧은 조각의 DNA를 발견했습니다. 이것은 당시까지 발견되지 않았던 DNA의 새로운 부위였어요. 이것의 염기 서열은 다른 부위와는 달리 수십, 수백 염기쌍이 수십, 수만 회 반복되는 구조를 보이는 것이 특징이었지요. 그리고 다음 페이지의 그림에서와 같이 이 부위는 염기 서열의 반복 횟수가 사람마다 다른 특징을 보여 일란성 쌍둥이를 제외하고는 마치 사람의 손가락 지문과 같이 모든 사람들에게서 다르게 나타난다는 것을 제프리스 교수가 발견하고, 이를 'DNA 지문'이라고 명명했습니다.

이처럼 기본 구조가 있으면서 다양한 특징을 나타내는 부위를 다양하다는 뜻의 '다형'이라는 용어를 써서 표현하기도

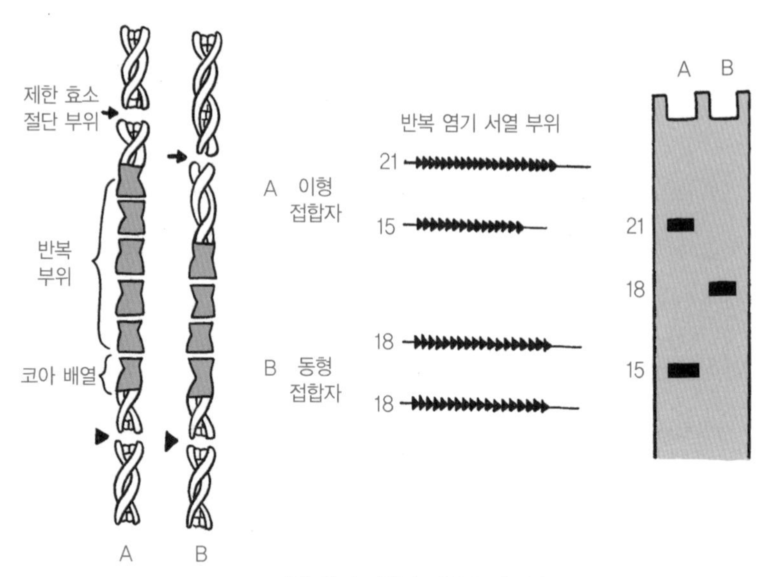

DNA 지문 염기 서열의 반복 부위 다형

하므로 DNA 지문을 'DNA 다형' 이라고도 해요.

제프리스 교수는 DNA 지문 검사법이 과학 수사에서 범인의 증명과 시체의 신원 확인, 살아 있는 사람의 신원 확인과 친생자 검사 등을 하는 데 대단히 중요한 검사 방법이 될 것으로 확신하고 전 세계에 학술 논문을 통해 발표했어요. DNA 지문 검사법에 관한 새로운 연구 발표를 접한 전 세계 유전자 관련 법 과학자들은 뜨거운 박수를 보내며 큰 관심을 가졌지요. 곧바로 미국, 영국 등 선진국의 과학 수사 기관에서는 DNA 지문 분석 기술 개발에 열을 올렸어요.

DNA 지문 검사법의 발전과 정확성

DNA 지문 검사법의 발전은 DNA 분리에서부터 시작합니다. 1984년 히구치(Higuchi) 등에 의해 140년 된 얼룩말 근육에서 DNA를 분리했고, 파보(Svante Paabo, 1955~)에 의해 2400년 된 미라에서 DNA를 분리했어요. 오래된 재료에서 DNA 분리가 가능하다는 것을 토대로 DNA는 범죄 수사에 응용이 가능하리라는 전망과 언젠가는 일상적인 실험법이 확립되어 개인 식별, 즉 범인 입증에 큰 도움이 될 것이라는 기대를 갖고 많은 과학자들이 DNA 검사 기술 개발에 온 정열을 쏟아 부었어요.

특히 성폭력 범죄 수사에서 DNA 지문은 강간범 확증에 유력한 증거가 된다는 것을 제프리스 교수와 동료 과학자들이 연구를 통해 강력히 주장했지요. 이때부터 DNA 지문 검사법 연구가 본격적으로 시작됐어요.

한편 동일한 사람의 혈액, 모근 세포, 구강 타액 세포 등의 DNA 지문 검사 결과는 모두 동일한 형상을 나타내고 있음을 증명했어요. 그렇다면 동일한 DNA 지문이란 어느 정도로 동일한 것일까요?

DNA 지문이 개발되기 전에는 주로 혈액형에 의한 개인 식별을 했어요. 1982년 센사바흐(Sensabaugh)는 8종류의 혈액형을 검사했을 때, 피실험자와 전부 동일한 혈액형을 가지는 사람은 약 70명 중의 1명꼴로 나타난다는 연구 결과를 발표했어요. 이와 같이 70분의 1의 확률을 보이는 혈액형 검사로는 어떤 개체를 동일한 것으로 포함하기보다는 오히려 배제시키는 데 더 유력한 효과가 있는 것으로 결론을 내렸어요.

그러나 DNA 지문 검사는 동일인 여부를 부정하기보다는 오히려 긍정할 수 있는 적극적인 검사법으로, 개인 식별에 있어서 그 우수성이 탁월하다는 것을 모든 학자가 인정했어요.

당시 제프리스 교수가 처음 이용한 DNA 검사법은 스스로 연구 개발한 DNA 탐침을 이용한 검사법이었지요. 다음 페이지의 그림과 같이 DNA의 염기 반복 부위를 제한 효소로 절단하여 얻은 DNA 분획을 서던(Southern)이 개발한 블럿트 하이브리다이제이션(blot hybridization)법에 의해 검사하는 방법을 이용했어요.

이 검사법은 제프리스 교수가 개발한 DNA 탐침에 미리 방사성 동위 원소를 표시하여 상보적인 염기 배열을 가지는 짝짓기의 원리를 이용한 DNA 조각을 찾기 위한 방법으로, 시험이 끝난 DNA 조각에서 방사성 동위 원소가 결합된 염

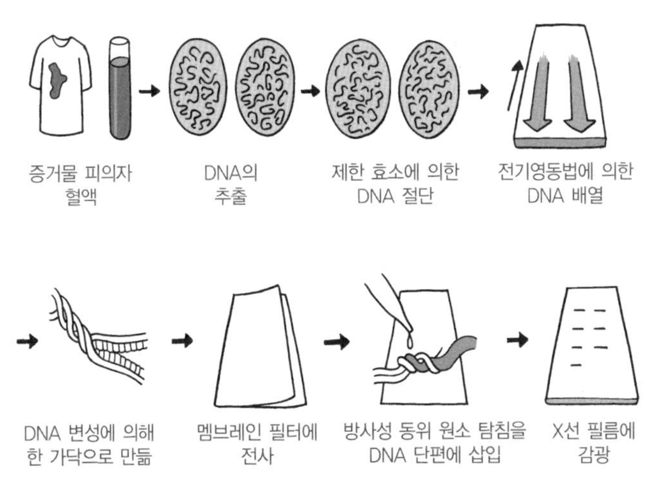

초창기 DNA 탐침에 의한 DNA 지문 분석 과정(블럿트 하이브리다이제이션법)

기 배열은 최종 흑색 DNA의 띠로 필름에 현상되어 나타나는 검사법이지요. 제프리스 교수가 개발한 이 검사법은 1개의 DNA 탐침을 사용했을 때 두 사람이 똑같을 확률이 3,000억분의 1 이하로 대단히 정밀하다고 할 수 있어요.

그러나 이 검사법은 2~3주 이상의 많은 시간이 걸리고, DNA의 양도 많아야 하며, 사건 현장에서 발견된 오염된 증거물에서는 검사가 불가능하다는 단점이 있어요. 범죄 수사는 증거물 검사 결과가 빨리 나와야 범인을 빨리 검거할 수가 있잖아요. 이후로도 DNA 지문을 연구하는 과학자들은 다른 검사법을 개발하기 위한 노력을 계속했어요.

범죄 현장에서 발견되는 핏자국이나 머리카락 등에는 워낙 미량의 DNA만을 갖고 있어요. 하지만 DNA를 많은 양으로 늘리지 않으면 검사가 불가능해요. 그래서 연구자들은 DNA의 양을 늘리는 방법을 개발하기 위해 많은 노력을 기울였어요.

최근 극히 적은 양의 DNA 시료에서도 특정 부위의 DNA만을 짧은 시간 내에 기하급수적으로 늘릴 수 있는 방법이 개발됐다고 해요. 1983년 미국 시트로닉스 회사의 멀리스(Kary Mullis, 1944~)에 의해 효소를 이용한 DNA 양을 늘리는 '중합 효소 연쇄 반응법(PCR)' 이라는 검사법이 개발돼, 한 방울의 피나 미량의 타액 세포, 한 올의 머리카락만으로도 DNA 지문 검사가 가능하게 됐어요.

다음 페이지의 그림과 같이 극히 적은 양의 DNA 재료에서도 특정 부위의 DNA 조각만을 짧은 시간 내에 많은 양으로 증폭시킬 수 있는 방법이지요. 이는 생체 내에서 일어나는 DNA 복제의 원리와 유사한 '유전자 증폭기' 라는 장비를 이용하는 방법이에요.

중합 효소 연쇄 반응법은 'DNA 증폭법' 이라고도 불러요. 이처럼 DNA 증폭법이 개발되면서 염기 서열의 반복 횟수가 적은 단연쇄 반복(STR) 부위를 증폭시키는 것이 가장 우수

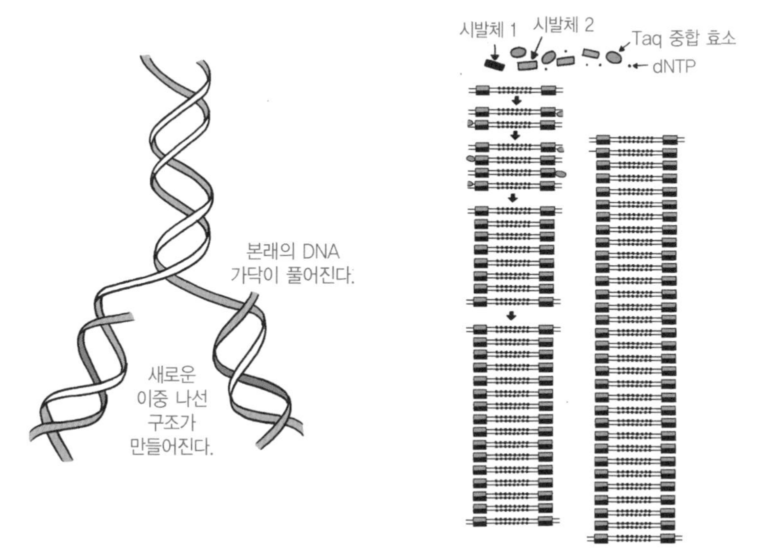

DNA 증폭법

한 검사법이라는 것을 알게 되었어요. 증폭되는 염기가 짧고, 반복되는 단위가 2～4개의 염기로 짧기 때문에 분석이 쉽고 자동화 면에서도 우수한 방법으로 인정받았어요. 현재는 대부분의 나라에서 이 방법으로 범죄 현장 증거물의 DNA형을 검사하고 있어요.

요즘에는 DNA 지문 검사법이 대부분 자동화되었지요. '유전자 자동 염기 서열 분석기' 가 개발되어 검사의 속도는 물론 민감도가 향상되었어요. 그리고 다음 페이지의 사진에서 보는 것과 같이 동시에 여러 개의 DNA 지문 부위의 증폭이

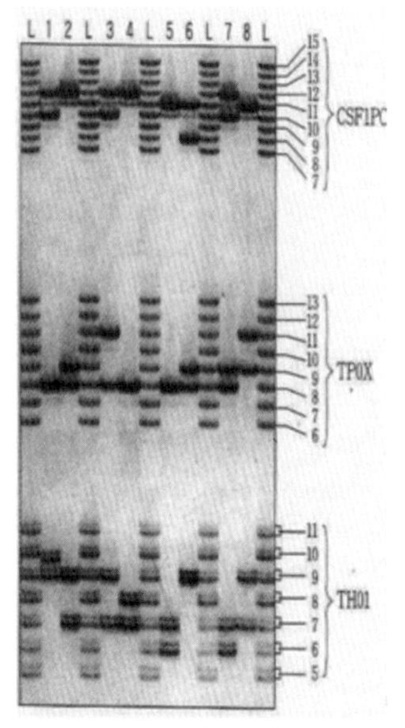

세 종류의 DNA 지문형 동시 분석 패턴

가능하며, 여러 종류의 DNA 지문형을 한 번에 검사하여 개인 식별에 이용할 수 있게 되었어요.

여러 종류의 DNA의 STR 부위를 검사하는 이유는 증거물과 용의자의 DNA형이 같을 수 있는 확률을 높이기 위해서예요. 단, 한 종류의 DNA형을 검사하면 같은 형이 나올 확률이 높아져요. 혈액형에서 A형이나 O형인 사람들이 많은 것처럼요. 그러므로 여러 종류의 DNA형을 검사할 경우, 개인 식별의 확률이 한층 높아지게 되겠지요.

실제로 10개 이상의 DNA형을 검사하면 개인 식별의 확률이 수십억~수백억까지 높아진답니다. 그렇게 되면 분석된 10개 이상의 DNA형이 우연히 같은 사람이 나올 확률은 0이 된다는 뜻이지요.

이처럼 DNA 지문 검사법은 완전한 개인 식별이 가능하기 때문에 과학 수사의 혁명이라 할 만큼 큰 발전을 가져왔어요. 앞으로는 더욱 빠른 속도로 다양한 정보를 얻을 수 있는 DNA 지문 검사법이 개발되기를 기대합니다.

미토콘드리아 DNA란?

지금까지 설명한 DNA 지문은 세포의 핵 속에 염색체상에 있는 DNA 지문에 관한 것이었어요. 그러나 핵 바깥의 세포질에서 유기물을 산화시켜 에너지를 생성하는 미토콘드리아라는 소기관도 DNA를 갖고 있어요. 이를 미토콘드리아 DNA라고 부르지요.

미토콘드리아 DNA는 핵 DNA에 비해 훨씬 작으면서 원형을 이루고 있는 구조예요. 세포핵 DNA보다 염기의 수가 적어 총 16,596개의 염기쌍을 가지고 있어요. 이 염기 서열

중에 변화가 심한 과변이 부위(H)라는 곳이 정해져 있어요. 염기 서열 부위가 15,996~16,401염기 부위(HVI)와 29~408 염기 부위(HVII)가 과변이 부위로 밝혀졌어요. 이 부위의 염기 서열을 분석하여 개인 식별에 적용하고 있어요.

세포핵은 세포 안에 하나밖에 없지만 미토콘드리아는 세포질에 수천 개가 있어요. 핵 DNA는 쉽게 파괴되지만 미토콘드리아 DNA는 강하고 단단하여 그대로 남아 있는 경우가 많아요. 그러므로 모근이 없는 모발 조직, 오래된 뼈 조직, 손톱, 발톱 같은 단단한 조직에서 미토콘드리아 DNA 검사가 가능합니다. 그러나 검사법은 핵 DNA 증폭법이 아닌 염기 서열법으로 염기 서열이 동일한지의 여부를 판정하는 것이에요.

또한 미토콘드리아 DNA는 어머니로부터 유전되기 때문에 아버지와는 상관없이 어머니의 염기 서열과 동일한지를 검사하는 것이지요.

그러면 미토콘드리아 DNA는 왜 모계 유전일까요? 사람의 정자와 난자에는 모두 미토콘드리아를 가지고 있어요. 남성의 경우에는 미토콘드리아가 정자의 목 부위에 존재하지요. 그러나 난자와 정자가 수정이 될 때 정자의 목 부분과 꼬리 부분은 떨어져 나가고 정자의 머리 부분, 즉 정자의 핵만 난자 안으로 들어가기 때문에 수정란이 갖고 있는 미토콘드리

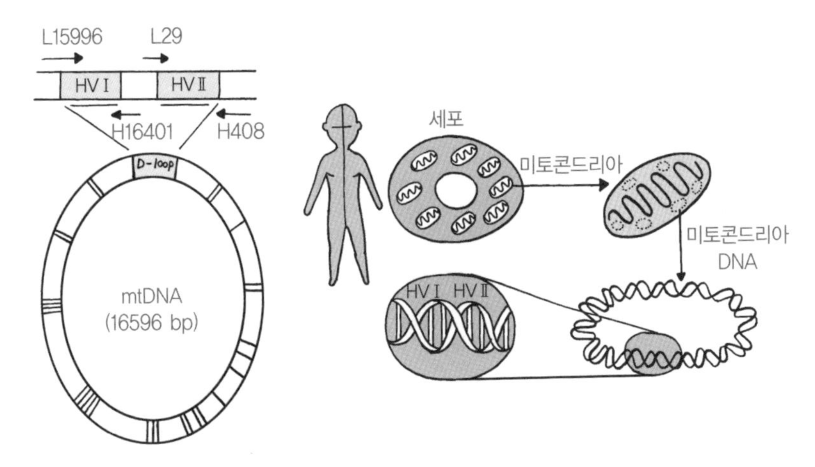

미토콘드리아 DNA의 구조(명칭 : HV I (과변이 부위 I), HV II(과변이 부위 II), bp(염기쌍))

아는 전적으로 어머니의 난자가 갖고 있는 것이지요. 그러므로 남성의 미토콘드리아 DNA는 자손에게 유전되지 않아요. 이러한 특성 때문에 아버지가 없이 형제만 있는 경우, 미토콘드리아 DNA를 검사하면 친형제 여부를 판단할 수 있어요.

DNA 지문 검사로 친자 여부를 알 수 있을까요?

오늘날 어느 나라든 친자, 친부, 친모인지를 가려내야 하는 친자 확인 소송 사건이 늘어나고 있어요. 바로 이러한 문제를

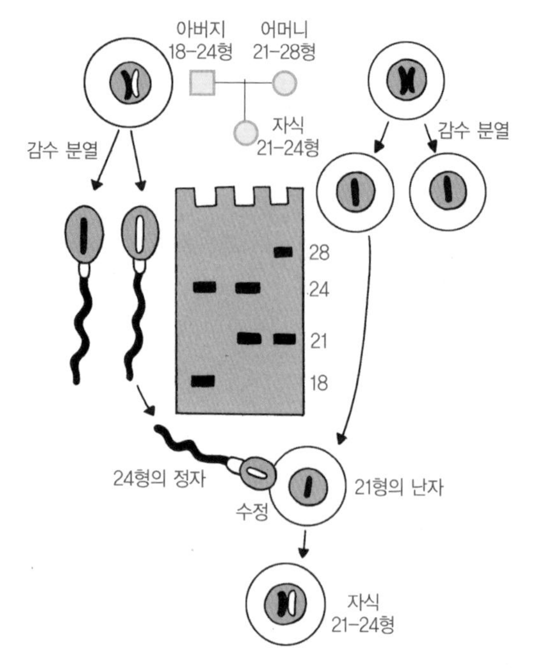

DNA에 의한 친생자 검사의 원리 : 아버지의 정자(24형)와 어머니의 난자(21형)의 DNA가 융합되어 수정란(21-24형)이 분화하여 자식에게 전해지는 DNA 대립 유전자의 띠 모형(아버지 : 18-24형, 어머니 : 21-28형, 자식 : 21-24형)

가장 정확하게 해결할 수 있는 방법은 바로 DNA 지문 검사법이에요.

DNA 지문 검사법을 이용하면 친자식은 물론 친부모 또는 친형제 관계까지 증명하는 것이 가능해지지요. 그리고 부모 중 어느 한 분이 돌아가셨거나 검사를 거부한다고 해도 그들의 자식과 형제들을 대상으로 DNA 지문 검사를 하면 친부

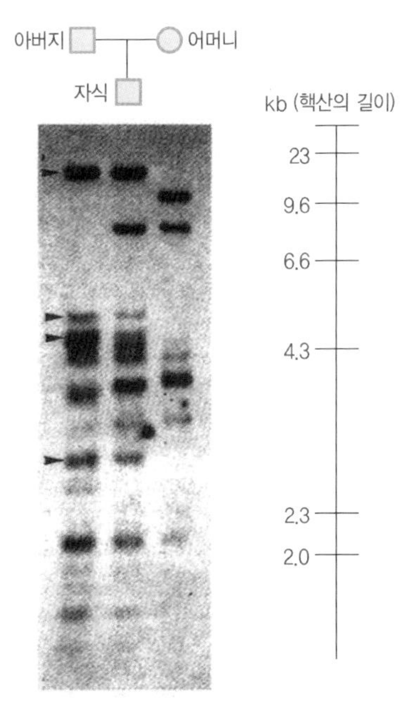

친생자 감정을 위해 분석된 DNA 지문 패턴 : 왼쪽은 아버지의 DNA 띠, 오른쪽은 어머니의 DNA 띠, 가운데는 자식의 DNA 띠의 형태이다. DNA 띠 중 2.3kb 이상에서 관찰된 아버지 쪽의 4개의 DNA 띠(화살표)와 어머니 쪽의 3개의 DNA 띠(화살표 없음)가 자식에게 유전된 형태를 볼 수 있다. 이 결과로 보아 부모의 친자식이 틀림없는 것을 알 수 있다.

모인지 증명이 가능합니다.

비행기 추락 사건, 폭발물 테러 사건 등과 같은 대형 사건이 발생하면 수많은 사람이 생명을 잃게 되지요. 그리고 대부분의 시체는 산산조각이 되어서 발견됩니다. 이렇게 조각난 시체의 살점, 머리카락, 뼛조각이 어느 가족의 것인지 신원 확인을 거쳐 유가족에게 인도해 줄 때에도 역시 DNA 지문

검사법이 유용합니다.

DNA 자료 은행이란?

DNA 자료 은행이란 범죄자들의 DNA 지문형 자료를 확보해 이를 전산 입력하여 관리하는 제도를 말합니다. 많은 범죄자의 DNA형을 전산 입력하여 관리해 놓으면 재범이 발생할 경우, 현장 증거물에서 DNA형을 분석하여 범인을 신속하게 찾아낼 수 있습니다. 한편 범죄자들은 자신의 DNA형이 이미 전산 입력되어 있어 다시 범죄를 저지르면 금방 잡힌다는 것을 알고 있기 때문에 재범을 예방할 수 있는 효과가 있어요.

최초로 DNA 자료 은행을 설치하여 범죄 수사에 적용한 나라는 영국으로 1994년에 입법화되었고, 현재는 수백만 건의 DNA형 자료가 입력되어 있어 범죄를 예방하는 데 큰 성과를 올리고 있어요. 미국은 각 주별로 일부 시행해 오다가 1998년 미국 전역에서 운영하면서 그 자료를 미국 연방수사국에서 집중 관리하고 있습니다. 현재 전 세계 70여 개 나라에서 DNA 자료 은행을 운영 중이거나 준비를 하고 있답니다.

한국에서는 2010년부터 사생활 침해와 인권에 대한 논의, 공청회 등을 거쳐 '유전자 감식 정보의 수집 및 관리에 관한 법률(안)'이 입법화되어 현재 국립과학수사연구원과 대검찰청에서 공동으로 운영하고 있어요.

과학자의 비밀노트

DNA 지문 분석이 되지 않는 조건

DNA 지문 검사가 항상 잘되는 것은 아니다. 첫째, 햇빛의 자외선 또는 강한 열 등을 받은 증거물의 경우는 DNA가 파괴되어 검사가 되지 않는다. 둘째, 증거물이 극미량일 경우에도 DNA 지문 검사가 되지 않는다. 셋째, 증거물에 DNA 증폭을 방해하는 인자가 섞여 있어 DNA의 양이 많더라도 증폭이 되지 않는 경우도 있다. 넷째, 증거물이 심하게 오염되었거나 부패되었을 때 그리고 너무 많은 증거물이 섞여 있을 때 DNA형 판독이 어려울 수 있다. 앞으로 이런 문제점들은 더욱 많은 연구를 통해 해결될 수 있을 것으로 기대된다.

만화로 본문 읽기

DNA 지문 검사 결과, 친자일 확률이 99.9%입니다.
흑흑, 네가 내 딸이 맞구나.
엄마, 보고 싶었어요.
어떻게 DNA 지문 검사로 친자 확인을 할 수 있지요?
사람은 부모에게서 DNA를 물려받기 때문에 DNA 지문 검사로 친자 확인이 가능해요.

정확히 DNA 지문이 무엇인지 모르겠어요.
1985년 제프리스 교수가 사람의 유전자를 연구하다가 짧은 조각의 DNA를 발견했는데, 이 부위는 마치 사람의 손가락 지문처럼 염기 서열의 반복 횟수가 사람마다 다른 특징을 가지고 있어 이를 'DNA 지문'이라고 했어요.
반복 부위
제한 효소 절단 부위
반복 염기 서열 부위
21
15
18
18
21
18
15
제프리스 교수

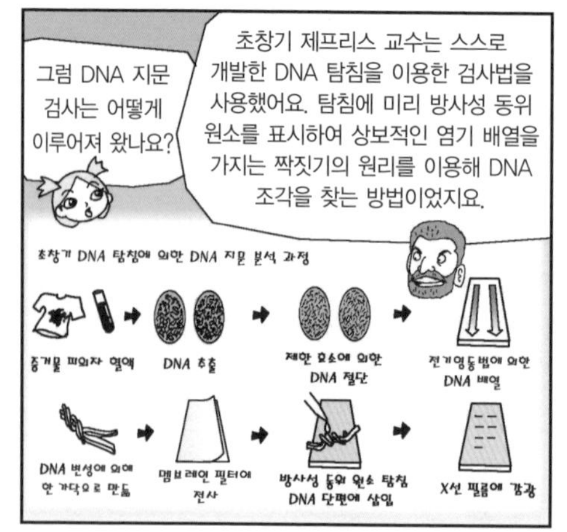
그럼 DNA 지문 검사는 어떻게 이루어져 왔나요?
초창기 제프리스 교수는 스스로 개발한 DNA 탐침을 이용한 검사법을 사용했어요. 탐침에 미리 방사성 동위 원소를 표시하여 상보적인 염기 배열을 가지는 짝짓기의 원리를 이용해 DNA 조각을 찾는 방법이었지요.
초창기 DNA 탐침에 의한 DNA 지문 분석 과정
증거물 피의자 혈액
DNA 추출
제한 효소에 의한 DNA 절단
전기영동법에 의한 DNA 배열
DNA 변성에 의해 한 가닥으로 만듦
멤브레인 필터에 전사
방사성 동위 원소 탐침 DNA 단편에 삽입
X선 필름에 감광

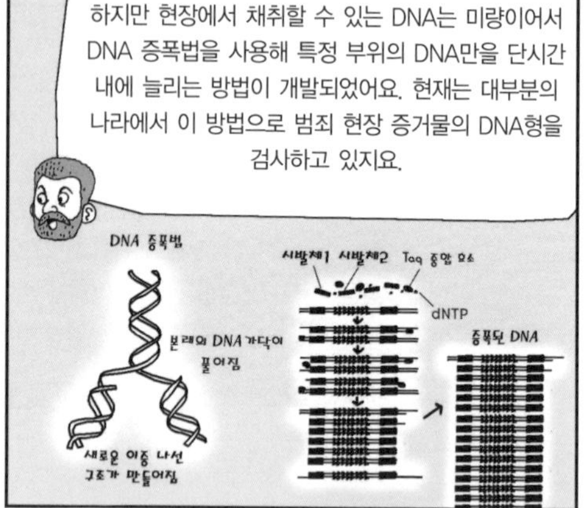
하지만 현장에서 채취할 수 있는 DNA는 미량이어서 DNA 증폭법을 사용해 특정 부위의 DNA만을 단시간 내에 늘리는 방법이 개발되었어요. 현재는 대부분의 나라에서 이 방법으로 범죄 현장 증거물의 DNA형을 검사하고 있지요.
DNA 증폭법
본래의 DNA 가닥이 풀어짐
새로운 이중 나선 구조가 만들어짐
시발체1 시발체2 Taq 중합 효소
dNTP
증폭된 DNA

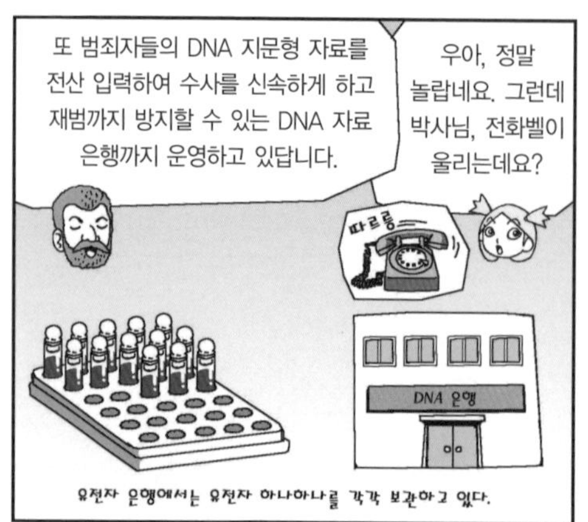
또 범죄자들의 DNA 지문형 자료를 전산 입력하여 수사를 신속하게 하고 재범까지 방지할 수 있는 DNA 자료 은행까지 운영하고 있답니다.
우아, 정말 놀랍네요. 그런데 박사님, 전화벨이 울리는데요?
따르릉
DNA 은행
유전자 은행에서는 유전자 하나하나를 각각 보관하고 있다.

여보세요?
박사님, 해변의 여인 살인 사건 용의자가 잡혔습니다. 이리로 와 주세요.
앗, 드디어 범인이 잡힌 건가요? 어서 가 봐요, 박사님!

여섯 번째 수업 6

거짓말 탐지기

거짓말 탐지 검사에서 검사관으로서의 자질과 전문성이 왜 중요할까요?
거짓말 탐지 검사는 얼마나 정확할까요?

6

여섯 번째 수업

거짓말 탐지기

교과 연계.

초등 과학 5-2	1. 우리의 몸
중등 과학 2	4. 소화와 순환
	7. 호흡과 배설
고등 생물 Ⅰ	6. 자극과 반응

베르티용이 한 남학생의 손에 작은 기기를 쥐어 주면서 여섯 번째 수업을 시작했다.

지금 내가 이 학생에게 건네준 기기는 휴대용 거짓말 탐지기입니다. 학생은 지금부터 내가 하는 질문에 대해 진실만을 대답하세요. 학생의 이름은 무엇인가요?

__ 김현동입니다.

아침 식사는 했나요?

__ 네, 토스트와 우유로 아침 식사를 했습니다.

이런, 현동 군이 살짝 긴장한 것 같은데, 긴장을 풀고 편안하게 대답하면 돼요. 혹시 이 학급에서 좋아하는 여학생이 있나요?

__ 아…… 아니요, 없습니다.

갑자기 기기에서 "삐" 소리가 나고, 빨간 경고등이 켜졌다.

하하, 현동 군이 좋아하는 여학생이 있나 보군요. 그 여학생이 누군지는 더 이상 묻지 않겠어요. 그랬다간 현동 군의 얼굴이 거짓말 탐지기보다 더 빨갛게 타오를 것 같으니까요.

거짓말을 하면 마음이 불편해지고 땀이 난다거나 호흡이 가빠지면서 심장 박동 수가 증가하기도 하고 목소리의 떨림이 평상시와 달라지는 등 정신적, 생리적 변화가 일어나요.

이러한 변화를 거짓말 탐지기를 이용해 알아낼 수 있는 방법들이 연구 개발돼 왔지요.

거짓말 탐지 검사는 아주 까다롭고 어려워요. 다른 사람의 심리를 알아낸다는 것이 그렇게 쉬운 일은 아니랍니다. 과학수사에서도 용의자를 심문할 때 간혹 거짓말 탐지기를 이용하기도 해요. 먼저 거짓말 탐지기의 발전 과정부터 알아볼까요?

거짓말 탐지기의 발전 과정

위대한 사상가이자 종교인이었던 아우구스티누스(Aurelius Augustinus, 354~430)는 거짓말은 진실을 의도적으로 부정하는 것이라고 했어요. 진실을 알고 있어야 거짓말도 할 수 있다는 것이지요. 이처럼 거짓말은 인류의 탄생과 함께 존재해 왔고, 거짓과 진실을 가려내려는 인간의 노력도 그만큼 오랜 역사를 갖고 있지요.

거짓말 탐지기의 기원은 이탈리아 생리학자인 모소(Angelo Mosso, 1846~1910)가 혈압계를 이용해 인체의 생리 현상을 연구하다가 두려운 감정이 뇌로 가는 혈류의 변화를 발견하고, 거짓말 다음에 나타나는 두려움을 응용하면 거짓말을 알

아낼 수 있다고 판단한 데에서 비롯돼요.

이탈리아의 범죄학자 롬브로소(Cesare Lombroso, 1835~1909)는 혈압계와 맥박계를 범죄자 심문에 응용하는 방안을 연구했고, 자신이 실제로 범인을 잡는 데 이 기계를 사용하기도 했지요. 또 이탈리아의 심리학자 베누시(Vittori Benussi, 1878~1927)는 호흡계를 이용해 거짓말을 하는 사람에게서 들숨과 날숨의 비율이 변한다는 사실을 밝혀냈어요. 20세기 초 미국에서 뮌스터베르크(Hugo Münsterberg, 1863~1916) 등 네 명의 학자들에 의해 하나의 기계에 혈압, 맥박, 호흡의 세 가지 변화가 통합되어 동시에 나타나는 거짓말 탐지기가 마침내 발명됐어요.

1923년 강도 및 살인 혐의로 기소된 19세 소년 프라이(Frey)에 대한 재판에서 미국의 심리학자 마스턴(William Marston, 1893~1947)은 최초로 거짓말 탐지기 결과를 증거 자료로 법원에 제출했어요.

프라이는 처음에는 범행을 부인하며 상세한 정황 설명을 했다가 며칠 뒤 진술을 번복하는 대가로 돈을 받기로 하고 범행을 저질렀다고 진술했어요. 하지만 마스턴이 프라이에게 거짓말 탐지기를 적용해 본 결과 프라이는 결백한 것으로 나타났지요. 그렇지만 법원은 이 거짓말 탐지기 결과 자료를 증

거로 받아들이지 않고, 프라이에게 유죄를 선고했어요. 법원에서는 거짓말 탐지 결과를 입증할 과학적 근거가 충분하지 않다면서 증거로 채택하지 않은 것이지요.

그러나 결국 프라이는 결백이 입증되어 풀려났으며 마스턴의 거짓말 탐지 결과가 정확했음이 증명되었어요. 이 사건을 계기로 거짓말 탐지기의 법적 증거 능력의 기준을 다시 검토하는 새로운 변화를 맞이하게 됐지요.

거짓말 탐지기는 주로 자율 신경 가운데 정서적 긴장이 교감 신경보다 더 크게 작용할 때의 생리적 현상을 탐지하는 것이지요. 예로, 고의적으로 거짓말을 하는 경우와 시험을 치를 때 저절로 가슴이 두근거리거나 호흡이 거칠어지면서 손에

땀이 나는 경우 등이 있어요.

이처럼 거짓말 탐지기의 원리는 거짓말을 할 때 심리적인 갈등과 불안으로 인해 맥박이 빨라지고, 혈압이 오르고, 식은 땀이 흐르는 등 신체에 나타나는 특성을 잡아내는 것입니다.

거짓말 탐지 검사는 사건의 용의자와 사건에 관련된 참고인 그리고 사건 내용을 잘 알고 있는 사람들을 대상으로 하고 있어요. 중요한 것은 거짓말 탐지기를 이용한다고 해서 기계가 다 알아서 사람의 거짓 여부를 판단해 주는 것은 결코 아니라는 것이지요. 거짓말 탐지기는 거짓말을 하는지의 여부를 직접 알아내는 것이 아니라 사람의 심리적, 생리적 변화를 측정할 뿐이고, 이를 통해 검사관이 거짓말인지 아닌지를 추측하는 것이에요.

즉, 거짓말 탐지 검사에서 가장 중요한 것은 검사관의 자질과 전문성이라고 할 수 있어요. 또한 검사 대상자가 심리적으로나 생리적으로 문제가 없어야 하고, 거짓말 탐지기 작동에 아무런 문제가 없어야 되지요. 그리고 방음 시설 등이 잘 갖추어진 특수한 검사 장소이어야 하며, 검사 절차는 공정하게

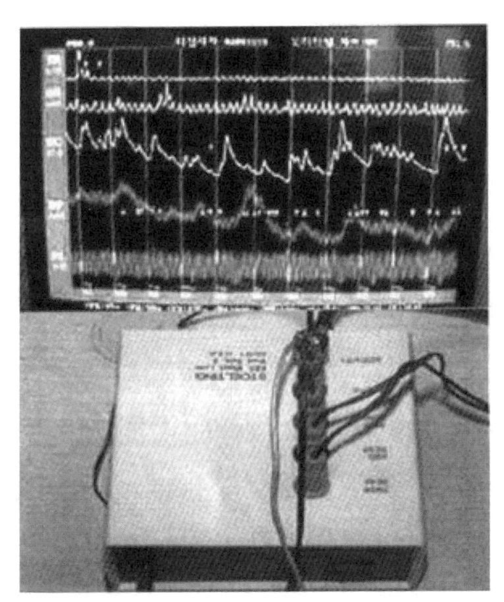

컴퓨터식 거짓말 탐지기와 출력된 검사 결과 그래프

이루어져야 해요. 이와 같은 조건들을 다 갖춘 검사 결과라야 거짓말 탐지기 검사 결과를 신뢰할 수 있어요.

검사관으로서의 자질과 능력

거짓말 탐지 검사에서는 검사관의 전문 능력에 따라 검사 결과의 신빙성이 달라질 정도로 검사관으로서의 자질과 능력이 대단히 중요해요. 그러면 거짓말 탐지 검사를 하는 검사관은 어느 정도의 지식수준과 어떤 자질을 갖추어야 할까요?

첫째, 사람의 심리 상태 변화를 잘 파악하기 위해 심리학적 지식이 풍부해야 합니다. 사람은 거짓말을 할 경우 심리적 갈등이 생기며 이로 인한 불안, 초조 등의 감정의 변화가 일어나게 마련인데, 이러한 과정을 잘 이해할 수 있는 심리학적 지식이 필수라는 것이지요.

둘째, 신경 및 호르몬을 통해 사람의 심리 변화가 일어나는데 이를 이해하기 위해서는 생리학적 지식이 필요합니다. 특히 인체 신경계의 활동 중에서도 자율 신경계에 대한 이해가 필요하며, 호흡의 변화, 피부 전기 반응(GSR, galvanic skin response)의 변화, 혈압 및 맥박의 변화 등을 잘 알고 있어야 합니다.

피부 전기 반응이란 감정의 변화로 정상적인 상태일 때보다 피부 전기 저항이 감소하는 반응을 의미하는데, 원인은 감정의 변화로 땀의 분비가 촉진되거나 세포 자극에 의한 이온의 변화 때문이라는 의견이 있어요. 이처럼 검사관은 인체의 기관지와 허파, 심장과 혈액 순환, 땀샘 분비 등의 활동에 대한 풍부한 지식을 갖추어야 하는 것이지요.

셋째, 검사 대상은 심리적으로 정상인 사람이어야 하는데 만약에 비정상적인 심리 상태를 가진 사람일 경우 검사관은 즉시 비정상적인 상태임을 알아차릴 수 있는 지식을 갖추고 있어야 합니다. 이런 경우, 검사관은 정신 병리학적인 지식을 잘 알고 있어야 하며, 검사 대상자가 정신병, 신경증, 성격 장애 등의 정신 질환을 갖고 있는지를 판단하여 검사 대상에서 제외시킬 수 있는 능력을 갖추어야 하는 것이지요.

넷째, 사람의 심리 변화는 곧 신체적인 변화로 이어지는데, 이때 사람의 신경과 호르몬 분비 등에 영향을 주게 됩니다. 따라서 인체의 허파, 심장, 땀샘 등의 활동을 증진 또는 억제하는 약물에 대한 지식도 필요합니다. 간혹 검사 대상자들이 우황청심환이나 정신 안정제를 복용하고 검사를 받으러 올 경우, 검사관은 약물 복용 여부를 가려낼 수 있는 지식을 갖

추고 있어야 한다는 것이지요.

이처럼 거짓말 탐지기를 이용한 검사는 검사관이 심리학, 생리학, 정신 병리학, 약물학 등 전문 분야의 지식을 갖추어야 정확한 검사가 가능하고 검사 결과도 믿을 수 있습니다. 따라서 여러분도 모든 과목을 골고루 열심히 공부하도록 하세요.

거짓말 탐지 검사 방법

거짓말 탐지 검사에서 가장 중요한 것은 질문 방식입니다. 질문은 "아니요"라는 부정의 답변이 나오도록 만들어야 합니다. 검사 방법은 크게 두 종류가 있어요.

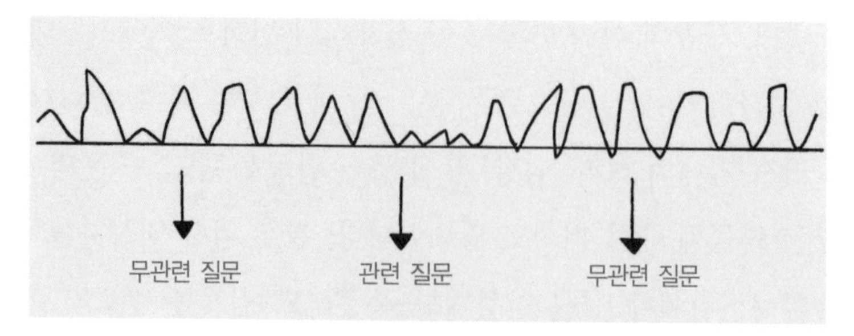

호흡에 관한 긴장 정점 검사법

첫째, 검사 대상자가 범죄 사실을 알고 있는지를 판단할 수 있는 긴장 정점 검사법이지요. 이 검사법은 질문 내용 중 하나를 실제 범인과 검사관만 아는 범죄 사실에 관한 것으로 하고 또 하나의 질문은 범죄 사실과 무관한 것으로 하는 것이지요.

쉬운 예를 들겠어요. 절도 사건이 발생했는데, 이 사건에서 도둑맞은 현금이 3백만 원이라고 가정합시다. 여기서 검사 대상자는 도난당한 현금이 얼마인지 들어 본 적도 없고, 알지도 못한다고 진술을 하는 용의자입니다. 이때 질문을 다음과 같이 합니다.

"도난당한 현금의 금액이……"

→ (1) 1백만 원으로 알고 있습니까?

(2) 3백만 원으로 알고 있습니까?

(3) 4백만 원으로 알고 있습니까?

(4) 6백만 원으로 알고 있습니까?

이 질문을 3회 정도 15초 간격으로 실시합니다. 실제 도난당한 현금의 액수는 3백만 원이므로 (2)번을 제외하고는 범죄와는 무관련 질문이지요. 이때 무관련 질문과 비교하여 관련 질문인 (2)번, "3백만 원으로 알고 있습니까?"에서 그래

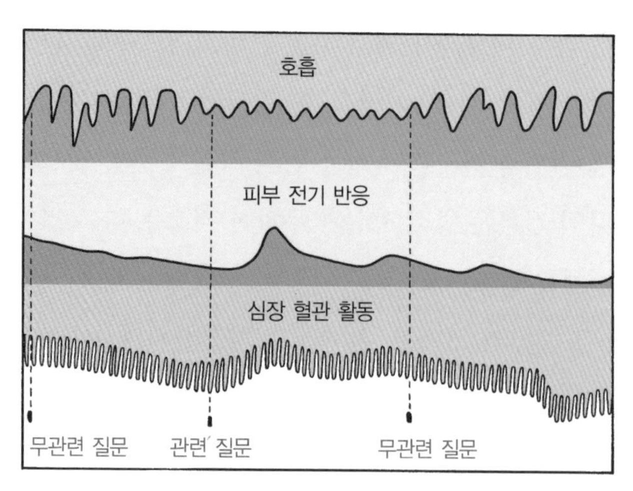

긴장 정점 검사법에 의한 거짓말 탐지 검사 결과

프 반응이 나타나면 검사 대상자는 범죄에 대해서 뭔가를 알고 있는 심리 상태로 판단할 수 있다는 것입니다.

위 그래프는 실제 범죄를 저지른 검사 대상자의 긴장 정점 검사 결과입니다. 검사 결과를 보면 관련 질문에서 호흡이 빨라져 호흡 반응의 그래프의 진폭이 좁아지고, 피부 전기 반응, 심장 혈관 활동의 그래프 변화는 명백하게 상승했음을 알 수 있습니다. 이와 같은 검사 결과에서 검사 대상자가 거짓말을 하고 있다는 심리 상태를 엿볼 수 있지요.

둘째, 비교 질문 검사법이 있어요. 이 검사법에서는 범죄 사실과 직접 관련이 있는 질문과 범죄와 전혀 관련이 없는 질문을 만듭니다. 이 두 가지 질문을 하면서 나타나는 그래프의 반응을 비교하는 것이지요.

긴장 정점 검사법과 비교 질문 검사법은 공통적으로 검사관이 검사 대상자한테서 솔직한 답변이 나올 수 있도록 유도하는 기술이 필요하지요. 어떤 질문을 만드느냐에 따라 거짓말 탐지 검사가 성공하느냐, 실패하느냐가 결정되지요.

이번에도 예를 들어 설명하겠어요. 어느 회사의 금고에서 1천만 원을 도난당했어요. 이때 비교 질문 검사법에 해당하는 질문을 해 봅시다.

(1) 당신은 홍길동입니까?
(2) 당신의 나이는 마흔입니까?
(3) 3월 3일 회사 금고에서 당신이 현금 1천만 원을 훔쳤습니까?
(4) 당신은 서울에 살고 있습니까?
(5) 3월 3일 회사 금고에서 1천만 원을 누가 훔쳤는지 알고 있습니까?

다음 페이지의 그래프에서 보는 것과 같이 관련 질문에 나타난 검사 대상자의 호흡 반응의 억제 정도가 강하게 나타났어요. 피부 전기 반응 역시 비교 질문에서보다 관련 질문에서 그래프에 큰 변화를 나타내고 있어요. 검사 결과, 거짓말을 하고 있는 심리 상태로 판정할 수 있지요.

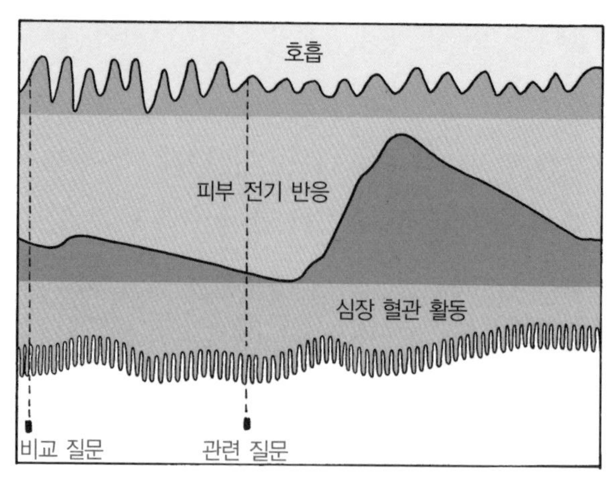

비교 질문 검사법에 의한 거짓말 탐지 검사 결과

거짓말 탐지 검사로 알 수 있는 정보는?

거짓말 탐지 검사로 알 수 있는 정보는 다음과 같습니다.

첫째, 강도 · 폭력 등의 사건에 연루된 용의자가 여러 명일 경우, 진짜 범인을 찾아낼 수 있어요. 둘째, 용의자 진술의 진실 여부를 판단할 수 있어요. 셋째, 사건의 단서 및 증거 수집을 위한 정보를 얻을 수 있어요. 넷째, 아주 엉뚱한 진술에 대한 진실 여부를 가려낼 수 있어요. 다섯째, 자백의 기회를 유도하거나 또는 수사의 방향을 전환할 수 있는 근거를 확보할 수 있어요.

이처럼 사건 해결을 위한 거짓말 탐지 검사는 갖가지 정보와 진실을 알아낼 수 있답니다. 앞에서도 설명했듯이 검사관이 얼마만큼 적절한 질문을 하느냐에 따라서 좋은 정보를 알아낼 수도 있고, 효과를 볼 수 없을 때도 있답니다.

거짓말 탐지 검사는 거짓말만 하지 않으면 하나도 무섭지 않은 검사법이에요. 거짓말을 하지 않고 사는 사람들의 마음은 항상 편하고 떳떳하며 하루하루가 즐겁겠지요?

거짓말 탐지 검사에 적합하지 않은 대상자는?

거짓말 탐지 검사 대상자가 다음과 같은 상황에 놓여 있을 때는 거짓말 탐지 검사를 하지 말아야 합니다.

첫째, 과도한 신경과민 상태라든가 정신 질환이 있는 사람, 둘째, 구타, 수면 부족, 설사병 등으로 인해 심신이 비정상적 상태인 사람, 셋째, 장기간의 수사로 검사 대상자가 신경 쇠약의 상태에 있거나 잡념이 유독 많은 사람, 넷째, 장기 수사 등으로 아예 체념 상태에 빠져 있는 사람 등은 검사 대상자로 적합하지 않습니다.

만일 이와 같은 상태에 놓인 사람들을 대상으로 거짓말 탐지 검사를 실시했다면, 그 검사 결과는 신빙성이 없어 법정에서 인정받을 수 없습니다.

따라서 거짓말 탐지 검사관은 사전에 검사 대상자가 어느 상태에 놓여 있는 사람인지를 충분히 검토하여 검사 대상자로 적합하지 않은 사람은 검사에서 배제해야 합니다.

__ 그런데 선생님, 거짓말 탐지 검사 결과는 얼마나 정확한가요?

많은 심리학자가 거짓말 탐지 검사의 정확도를 높이기 위해 꾸준히 연구를 해 왔어요. 그러나 유력한 용의자가 마음을 편히 먹거나 다른 생각을 하면 거짓말 탐지기가 무감각한 반응을 보일 수도 있고, 반대로 피검사자가 죄가 없어도 불안해하면 거짓말 탐지기를 통해 거짓말을 한 것으로 잘못 판정이 되는 경우도 있어요.

만일 거짓말 탐지 검사 결과를 법정에서 증거로 채택할 경우에 1~2%의 오류 가능성으로 죄 없는 사람을 평생 감옥에 가두는 일도 생길 수 있다는 것이지요. 그러므로 거짓말 탐지기는 매우 조심스럽게 사용해야 합니다.

과학자의 비밀노트

거짓말 탐지 검사 결과의 정확성을 보증하는 조건

먼저 거짓말 탐지기 장비의 성능의 우수성이 검증되어야 하며, 검사 당시의 피검사자 의식이 명료해야 하고 심신 상태가 건전해야 한다. 검사관의 질문표 작성 및 질문 방법이 합리적이어야 하며, 검사관은 전문성과 검사 결과 판정의 정확성을 보증할 수 있는 충분한 자질을 갖춘 사람이어야 한다. 그 밖에 검사 장소의 평온한 분위기가 확보되어야 한다.

만화로 본문 읽기

아니, 범인이 저렇게 많아요?
저들은 아직 범인이라고 단정 지을 수 없고, 범인으로 의심되는 용의자들이에요. 아마 경찰서로 가서 거짓말 탐지 검사를 할 모양이에요.
경찰

거짓말 탐지기를 이용하는 검사 말인가요?
네. 20세기 초 미국에서 뮌스터베르크 등 네 명의 학자들에 의해 하나의 기계에 혈압, 맥박, 호흡의 세 가지 변화를 통합하여 나타내는 거짓말 탐지기가 발명됐어요.
드디어 거짓말 탐지기를 완성했다!
혈압
맥박
호흡

아무나 이 기계를 사용할 수 있는 건가요?
아니요, 그렇지 않아요. 검사관의 전문 능력에 따라 검사 결과의 신빙성이 달라질 정도로 검사관의 자질과 능력이 중요해요.
거짓말 탐지 검사관의 자질과 능력
1. 사람의 심리 상태 변화를 잘 파악하기 위해 심리학적 지식을 갖추어야 한다.
2. 신경 및 호르몬을 통해 사람의 심리 변화가 일어나는데, 이를 이해하기 위해서는 생리학적 지식이 필요하다.
3. 검사 대상자가 정신병, 신경증, 성격 장애 등의 정신 질환을 갖고 있는지를 판단할 수 있는 정신 병리학적 지식이 필요하다.
4. 약물에 대한 지식도 필요하다.

어떻게 검사를 하나요?
거짓말 탐지 검사에서 중요한 것은 질문 방식이지요. "아니요"라는 부정의 답변이 나오도록 만들어야 하니까요. 검사 방법은 크게 두 종류가 있어요.
해변의 여인 살인 사건의 범인을 알고 있습니까?
아니요.

첫째, 검사 대상자가 범죄 사실을 알고 있는지를 판단할 수 있는 긴장 정점 검사법으로, 이 검사법은 질문 내용 중 하나를 실제 범인과 검사관만 아는 범죄 사실에 관한 것으로 하고 또 하나의 질문은 범죄 사실과 무관한 것으로 해서 그 차이를 검토하는 방법이지요.
오늘 점심은 김밥을 먹었습니까?
오늘 점심은 자장면을 먹었습니까?
오늘 점심은 라면을 먹었습니까?
관련 질문 무관련 질문

둘째, 비교 질문 검사법으로 검사 대상자가 범죄에 관련되어 있는지를 알아내는 검사법이지요. 범죄 사실과 직접 관련이 있는 질문과 관련이 없는 질문을 하면서 나타나는 그래프의 반응을 비교하는 검사법이에요.
후식은 커피를 먹었습니까?
점심은 자장면을 먹었습니까?
서울에 가본 적이 있습니까?
비교 질문 관련 질문

마 지 막 수 업 7

사이버 범죄 수사

사이버 범죄란 무엇이며, 예방 대책에는 어떤 것이 있는지 알아봅시다.
청소년 사이버 범죄의 실태와 예방 대책에 대해 알아봅시다.

7

마지막 수업

사이버 범죄 수사

교. 고등 과학 1 4. 정보 통신과 신소재
과.
연.
계.

베르티용이 학생들 한 명 한 명과 눈인사를 하며 마지막 수업을 시작했다.

어느덧 마지막 수업이군요. 오늘은 마지막 수업인 만큼 현대 사회에서 발생 빈도가 높아지고 있고, 그 피해 양상이 다양해지고 있어 사회적으로 큰 문제가 되고 있는 사이버 범죄와 이에 대한 수사가 어떻게 이루어지는지를 알아보겠어요.

사이버 범죄는 사이버 공간(스페이스)에서 일어나는 범죄를 뜻해요. 먼저 '사이버 공간(스페이스)'이라는 용어의 기원을 알아봅시다.

이 용어는 1984년 깁슨(William Gibson, 1948～)이 쓴 과학 소설 《뉴로맨서》에서 처음 사용되었지요. 인공두뇌학을

뜻하는 사이버(cyber)와 공간을 뜻하는 스페이스(space)의 합성어로, 현실이 아닌 두뇌 속에서 펼쳐지는 또 다른 우주를 의미한다고 했어요. 그 후 발로우(John Perry Barlow, 1947~)가 이 용어를 의사 전달의 공간이라는 뜻으로 사용했지요.

이처럼 사이버 공간에서는 정신세계는 물론 지리적 위치, 시간, 신분상의 차별도 없고 누구에게나 언제든 정보의 선택은 물론 발송과 수신이 가능한 공간이지요.

특히 컴퓨터에서 실제 세계와 비슷하게 가상적으로 구축한 환경을 사이버 공간이라고 해요. 예를 들면, 인터넷상에 가상의 상점을 만들고 컴퓨터 네트워크를 통하여 실제로 상거래를 하는 가상적 장소가 사이버 공간에 해당하지요. 이렇게 우리는 컴퓨터나 인터넷상의 어떤 자료이든 자유롭게 정보를 주고받는 일상을 살고 있어요.

그런데 최근 네트워크상에서 사이버 범죄가 빈번히 발생하고 있어요. 이런 사이버 범죄는 컴퓨터나 인터넷을 범죄의 도구로 이용해 법을 위반하는 행위이지요.

예를 들어 컴퓨터나 인터넷 시스템을 고의적으로 파괴하는 행위, 디지털 재산의 절도 행위, 시스템으로부터 정보를 유출하기 위해 위협하는 행위, 정치적인 목적을 위한 테러 활동 등이 있어요.

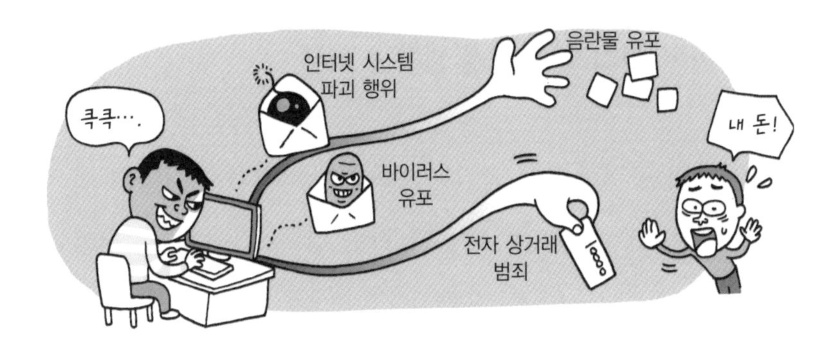

또한 타인의 은행 계좌 잔고를 자신의 계좌로 이동시키는 행위, 인터넷상에 음란물을 유포하는 행위, 통화 위조, 스캐너와 그래픽 프로그램을 이용하여 서류를 위조하는 행위 등도 사이버 범죄로 볼 수 있어요.

__ 선생님, 전 얼마 전에 자주 가던 웹 사이트에 접속하지 못하는 일이 있었어요. 아이디를 도용당한 것 같은데, 이것도 사이버 범죄에 해당하나요?

네, 그래요. 종종 해킹이나 개인 정보 유출로 인해 아이디를 도용당하는 안타까운 일이 발생하는데, 이 또한 사이버 범죄에 해당해요. 이처럼 최근에는 인터넷이 전 세계적으로 뻗어 나가 하나의 네트워크로 연결된 대규모의 전산망을 구축하고 있어 사이버 공간 역시 세계화됨에 따라 사이버 범죄가 세계 곳곳에서 실시간으로 발생하고 있습니다.

사이버 범죄가 쉽게 발생하는 이유

사이버 공간에서의 범죄는 쉽게, 자주 발생하는데 그 이유는 무엇일까요? 사이버 범죄가 자주 일어나는 원인을 찾아야 사이버 범죄의 피해를 막을 수 있겠지요? 그럼 지금부터 그 이유를 알아봅시다.

첫째, 인터넷 공간에서는 굳이 사용자의 이름을 밝히지 않아도 되고 또한 어른인지, 어린이인지, 남자인지, 여자인지, 어디 사는 사람인지를 전혀 모르게 사용이 가능하다는 것이지요. 간혹 인증 절차를 거쳐야만 사용할 수 있는 부분이 있지만 그럴 때에는 다른 사람의 인적 사항과 아이디를 도용하여 인증 절차를 거쳐 범죄를 일으킬 가능성이 높고 인터넷 자체는 그것을 알아내지 못한다는 점입니다. 그러므로 해킹이나 바이러스의 유포, 인터넷 사기, 음란물 판매 행위 등과 같은 범죄가 많이 발생하고 있어요. 이런 행위를 저지르는 범죄자는 신분이 노출되지 않는다는 점을 악용한 것이지요.

둘째, 사이버 범죄자들은 고도로 숙련된 컴퓨터 기술을 갖고 있다는 점이지요. 즉, 컴퓨터와 인터넷에 대한 전문적인 지식과 숙련된 기술을 가진 사람들이 범죄를 저지르기 때문에 범인을 색출하기가 대단히 어렵다는 것이지요. 날이 갈수록 해킹 기술이 급속도로 발전하여 해커들에 의한 사이버 범죄 발생 빈도는 높아지고, 그 피해는 더욱 치명적으로 번져 가고 있어요.

셋째, 인터넷은 24시간 운영이 가능하다는 점입니다. 그러므로 사이버 범죄는 24시간 중 아무 때나 발생할 수 있어요. 그리고 지구 상의 모든 나라들이 국경선 없이 넘나들며 사이버 범죄를 일으킬 수 있는 놀라운 세상이 되었지요.

넷째, 인터넷의 전파력은 굉장히 크다는 점이에요. 특히 바이러스 감염은 전자 우편이나 홈페이지 등을 타고 실시간, 전 세계로 전파되고 있어요. 그리고 특정 인물의 사생활을 담은 동영상과 비디오테이프가 인터넷의 전파력을 타고 순식간에 전 세계로 퍼져 나가 개인적, 사회적으로 나쁜 영향을 끼치는 범죄 행위가 빈번히 일어나고 있어 이런 문제의 심각성이 날로 커지고 있어요.

다섯째, 사이버 범죄를 일삼는 사람들은 죄의식이 없다는 것이에요. 사이버 범죄자들은 사이버상의 물건이나 재산권 등은 현실 세계와는 달리 별다른 피해를 주지 않는다고 생각해요. 그래서 오늘날 현실 세계에서보다 사이버상에서 더욱 과감하고도 쉽게 범죄가 발생한다는 것이지요.

사이버 범죄의 유형

사이버 범죄의 유형은 크게 두 가지예요. 사이버 테러형 범죄와 일반 사이버 범죄가 있는데, 먼저 사이버 테러형 범죄에 대한 유형부터 살펴보겠습니다.

첫째, 해킹이나 바이러스 제작 유포, 메일 폭탄 같은 행위를 수단으로 정보 통신망 자체를 공격하는 범죄가 있어요. 예를 들어, 해킹으로 다른 사람의 컴퓨터 또는 전산망에 침입하여 정보를 빼내거나 전산망의 작동을 교란시키는 전산망 침해 행위가 있어요.

과학자의 비밀노트

해킹(hacking)

해킹은 컴퓨터의 하드웨어나 소프트웨어 그리고 네트워크 및 웹 사이트 등 각종 정보 체계가 본래의 설계자나 관리자, 운영자가 의도하지 않은 동작을 일으키도록 하는 행위를 말한다. 또한 정보 체계 내에서 불법적으로 정보의 열람, 복제, 변경 등을 가능하게 하는 행위 등을 일컫는다. 원래의 말뜻은 거칠게 자르거나 헤집다는 뜻의 '핵(hack)'이라는 낱말에서 유래했다는 설이 있고, 미국 매사추세츠 공과 대학교 동아리 회원들이 자신들을 '해커(hacker)'라고 부른 데에서 유래했다는 설도 있다. 해킹이라는 낱말 자체는 나쁜 일, 좋은 일의 뜻과는 무관하지만 개인 정보 침해 사고나 불법으로 소프트웨어 개조 등 범죄 행위를 말할 때 곧잘 해킹이라는 용어를 사용하기 때문에 부정적인 뜻으로 인식된다. 그러나 해킹은 각종 정보 체계의 보안 취약점을 미리 알아내고 보완하는 데에 필요한 수단을 뜻하는 용어로도 사용되고 있다.

한국의 '정보 통신망 이용 촉진 및 정보 보호 등에 관한 법률 제2조 7호(2008년 6월 13일 개정 법률안)'에서 나오는 '침해 사고'는 해킹, 컴퓨터 바이러스, 메일 폭탄, 서비스 거부 또는 고출력 전자기파 등의 방법으로 정보 통신망 또는 이와 관련된 정보 시스템을 공격하는 행위를 하여 발생한 사태로 정의한다.

둘째, 컴퓨터 바이러스를 유포하는 행위가 있어요. 이런 범죄는 컴퓨터 프로그램을 제작하는 사람들에 의해 고의적으로 컴퓨터 시스템을 파괴하거나 파일을 삭제하는 기능을 가진 프로그램을 만들어 나쁘게 이용하는 범죄이지요. 생물학적으로 바이러스가 자기 자신을 복제하는 유전 인자를 가지

고 있듯이, 컴퓨터 바이러스도 자기 자신을 복사하는 명령어를 가지고 있기 때문에 '컴퓨터 바이러스'라는 이름이 붙여진 거예요.

오늘날 바이러스 제작 프로그램만 있으면 누구나 손쉽게 바이러스를 만들어서 인터넷상에 전파시켜 통신망 자료실에 침입하거나, 전자 우편을 통해 바이러스를 확산시키는 범죄가 늘고 있어요.

셋째, 암호 해독 행위의 범죄가 있어요. 전산망이 개방되어 있기 때문에 전자 문서의 변경이 손쉬워졌어요. 이와 같이 전산망의 취약점을 보완하기 위해 개발된 방법 중 하나가 암호화 방법이지요.

암호란 정보를 해독할 수 없게 만든 하나의 기호이며 발송과 수신을 하더라도 암호를 아는 사람만이 암호화된 통신문을 해독할 수 있도록 만들어진 통신 기법을 말합니다. 이처럼 완벽하게 암호화된 정보를 사용하여 사이버 범죄를 방지하고 있음에도 불구하고 현대에는 암호까지 해독하여 사생활을 침해하는 범죄가 발생하고 있어요.

넷째, 스팸 메일을 이용한 사이버 테러로 업무를 방해하는 범죄가 발생하고 있어요. 스팸 메일이란 광고와 비방, 음란한 내용이나 컴퓨터 바이러스 등을 담은 이메일로, 요즈음 이런 스팸 메일을 무작위로 불특정 다수에게 대량 유포하는 행위가 많아지고 있습니다.

다음으로 일반 사이버 범죄 유형을 알아보겠습니다.

첫째, 음란물 배포와 음란한 행위를 매개하는 범죄입니다. 인터넷 공간에서는 통신 당사자들이 서로 얼굴도 모른 채 의사 교환을 하며 동시에 많은 사람들에게 의사를 전달할 수 있어요. 이처럼 편리한 사이버 환경을 상업적으로 음란물을 유포시키거나 음란한 행위를 쉽게 전달할 수 있는 공간으로 악용하는 것이 일반 사이버 범죄 유형 가운데 한 가지입니다.

둘째, 인터넷을 이용한 사이버 사기죄가 있어요. 인터넷 보급 초창기에는 인터넷 사기가 매우 드문 일이었어요. 그러나

신원을 밝히지 않아도 이용할 수 있다는 점을 악용하여 사기 범죄가 늘어나고 있어요. 사이버 사기의 피해자가 수백 명이어도 범인의 몽타주조차 만들 수 없으며, 개인별 피해 규모가 작을 때에는 신고를 하지 않아 수사 기관의 단서 포착을 어렵게 하기 때문에 사이버상에서의 사기 행각은 급속히 증가하고 있습니다.

셋째, 사이버 도박이라는 범죄 행위가 있어요. 인터넷이 활성화되면서 개인의 사행심을 조장하는 도박 사이트가 큰 인기를 끌고 있어요. 처음에는 가상의 돈으로 게임을 즐기는 형태로 시작했지만, 점차 신용카드를 이용한 도박 영업 행위로 변질되어 가고 있지요.

넷째, 사이버 성폭력이 있어요. 사이버 성폭력의 대표적인 예가 사이버 스토킹이에요. 사이버 스토킹이란 컴퓨터 통신을 이용한 대화방, 전자 우편 등 정보 통신망을 이용해 상대방이 원하지 않는 접속을 지속적으로 시도하거나 욕설, 협박 내용을 담고 있는 전자 우편을 보내는 행위를 계속하는 것을 말합니다.

다섯째, 명예 훼손과 허위 사실 유포라는 사이버 범죄가 있어요. 사이버 공간은 특정 정보를 누구에게나 손쉽게 퍼뜨릴 수 있으며, 여론의 형성이 쉽게 이루어질 수 있기 때문에 타인의 명예를 훼손시킨다거나 허위 사실을 전파하는 범죄가 늘고 있어요.

사이버 범죄의 대책 마련

이런 사이버 범죄를 예방할 수 있는 방안은 무엇이 있을까요? 예방책의 가장 중요한 요소는 사회 구성원들의 의식 수준이 높아져야 한다는 것입니다.

현재 사이버 범죄는 개인이나 기업 또는 국가적으로 큰 피해를 끼치는 중대한 범죄임에도 불구하고 이런 의식조차 없이 무분별하게 행해지는 것이 큰 문제입니다. 사이버 범죄를 예방하기 위해서는 종합적이고 지속적인 교육을 통해 양심과 도덕 정신을 심어 주어 더 이상 사이버 범죄가 발생하지 않도록 공감대를 형성시킬 필요가 있습니다.

사이버 범죄 사건이 발생하고 난 후 해결 방법으로 법적인 대책과 형사상의 대책을 세우고 있지만 심도 깊은 연구를 통해 더욱 강력한 해결 방안을 내놓아야 합니다.

현대 사회는 정보 통신 기술이 하루가 다르게 발전하고 있으며, 이에 따라 사이버 범죄의 유형과 수법도 새롭고 다양해

지고 있어요.

따라서 사이버 범죄를 직접 또는 간접적으로 규제하는 법안도 다양해지고 세밀해지고 있으나 이를 보다 강력하게 효율적으로 적용해야만 사이버 범죄의 확산을 막을 수 있을 것입니다. 예를 들어, 이미 저질러진 사이버 범죄자의 아이디 사용을 영구히 금지시킨다거나 해커의 인터넷 접속을 아예 금지하는 등의 강력한 처벌을 내리는 것이지요.

한편 사이버 범죄자들을 보호 관찰하거나 그들에게 사회봉사를 시킨다거나 일정한 교육 과정을 이수하게 하여 재범을 방지할 수 있도록 철저히 정신 교육을 시키는 것도 좋은 방법이라고 생각합니다.

무엇보다 사이버 범죄는 사건 발생 전의 예방법과 사건 발생 후의 해결법이 동시에 이루어져야만 최대한의 효과를 얻을 수 있을 것입니다.

청소년 사이버 범죄의 실태와 예방책

최근 전 세계적으로 각 나라마다 '청소년 집단 괴롭힘', '청소년 성매매', '인터넷 관련 청소년 비행과 중독' 등의 사회적 문제로 골머리를 앓고 있어요.

특히 접속하기 쉬운 인터넷을 통해 청소년의 사이버 범죄가 급속히 늘고 있어요. 인터넷상에서의 음란물 접촉, 음란 채팅, 해킹, 컴퓨터 바이러스의 유포, 인터넷 도박과 사기 그리고 인터넷 중독 등이 대부분을 차지하고 있어요. 인터넷 중독에 빠진 학생들은 무단결석, 무단이탈 등의 탈선으로 이어지는 경우가 많으며, 폭력적인 게임 중독으로 살인과 폭력의 충동이 생기기도 하고, 음란물 중독으로 성폭력 같은 성범죄의 충동이 증가하면서 성의식의 왜곡 등 심각한 사회적 문제로 비화되고 있어요.

청소년들은 왜 이렇게 인터넷 공간에 몰두하는 것일까요? 전문가들은 현실 세계의 공간과는 다른 인터넷이라는 사이버 공간의 독특한 특징 때문이라고 말하고 있어요. 그 특징이 무엇인지 알아봅시다.

첫째, 새로운 기술의 습득을 통해 자존감을 높히는 것입니다. 다시 말해 청소년들은 인터넷을 통해 새로운 기술과 지식을 습득해서 주위 친구들에게 가르쳐 줌으로써 자존감을 높일 수 있다는 것이지요.

둘째, 원하는 정보를 손쉽게 얻을 수 있다는 것입니다. 청소년들은 책을 보지 않고도 인터넷을 통해 숙제나 과제에 필

요한 지식과 정보를 검색하여, 이들 자료를 편집하는 과정에서 새롭게 창조하는 기분으로 굉장한 재미와 흥미를 느낀다는 것이지요. 반면 음란물과 폭력물에도 쉽게 접근하여 사춘기인 청소년들에게 왕성한 성적 호기심을 채워줄 수 있는 매력적인 장소가 바로 인터넷인 것이지요.

셋째, 새로운 인간관계의 형성과 대등한 수준의 의사소통이 가능하다는 것입니다. 즉, 사이버 공간에 참여하는 사람들은 본인의 정체를 알리지 않고도 대등한 수준의 인간관계와 의사소통을 할 수 있는 편리함을 최대한 이용할 수 있다는 것이에요.

특히 한국의 청소년들은 다른 나라의 청소년들에 비해 인터넷 중독 현상이 더욱 심각한 수준입니다. 실제로 한국의 중·고등학생의 약 40%가 음란 채팅, 음란물 게임 등에 중독되었다는 보고가 있어요. 이는 아마도 한국 청소년들이 다른 나라 청소년들보다 인터넷 사용 시간이 월등히 많기 때문일 것입니다. 한국은 외국에 비해 청소년들이 마땅히 여가를 즐길 수 있을 만한 공간이 없어요. 또한 한국 학생들의 대다수는 방과 후에 학원에 가거나, 자율 학습으로 늦게 귀가하기 때문에 어떤 운동이나 동아리 활동도 할 수 없다는 것이 현실입니다. 이럴 때 공간과 시간의 제약 없이 접할 수 있는 유일한 도구가 바로 인터넷이지요.

특히 한국의 청소년들은 과도한 학업과 입시에 대한 스트레스를 해소할 만한 출구가 없다는 것이 큰 문제입니다. 폭력 게임에 중독된 청소년들을 대상으로 한 설문 조사에서 '왜 게임 사이트에 반복적으로 접속하는가?'라는 질문에 대해 90% 이상이 '스트레스 해소' 라고 답했다고 합니다.

그렇다면 이러한 청소년들의 인터넷 중독과 사이버 범죄에 대한 대처 방안은 없는 것일까요?

청소년들의 인터넷 중독과 사이버 범죄를 예방하기 위한 사회적, 교육적인 대처 방안이 마련되지 않는다면 국가의 미래는 어떻게 될까요? 청소년들이 인터넷에 몰두할 수밖에 없는 사회 · 문화적 문제점을 해결할 수 있는 방안을 찾아 하루 빨리 실행에 옮길 수 있는 대책 마련이 절실합니다.

또한 청소년 여러분 스스로의 정신 건강을 위해 인터넷 중독에 빠지지 않도록 강한 의지를 키우고, 사이버 범죄의 심각성을 깨달아 범죄 행위를 저지르지 않도록 노력해야 할 것입니다.

만화로 본문 읽기

명탐정 아저씨, 펜션에는 왜 들어오자고 한 거예요?
조사해 보니, 살해당한 여인이 여기서 머물렀다고 하더군요. 앗, 컴퓨터가 바이러스에 감염됐잖아! 흠흠, 이건 분명 의도적인 사이버 범죄 같은데….

사이버 범죄요?
사이버 공간에서 발생하는 범죄를 말해요. 특히 컴퓨터에서 실제와 비슷하게 가상적으로 구축한 환경을 사이버 공간이라고 하는데, 이 공간의 시스템을 고의적으로 파괴하는 행위, 디지털 재산의 절도 행위, 시스템으로부터 정보 유출 행위, 정치적인 목적을 위한 테러 활동 등이 사이버 범죄에 해당돼요.
어, 이상한데? 게임머니가 하나도 안 남았네.
호호호호~.

사이버 범죄는 왜 발생하는 건가요?
인터넷 공간에서는 신분을 감출 수가 있고, 인터넷 사용은 시간상이나 공간상으로 제약이 없으며, 사이버 범죄자는 전문적인 컴퓨터 기술을 갖고 있으면서 죄의식이 없다는 점 등을 이유로 꼽을 수 있지요.
호호호, 신분을 감출 수가 있고,
언제 어디서나 할 수도 있고,
난 컴퓨터 기술도 가지고 있지.
게다가 진짜 돈도 아닌데 괜찮을 거야.

그렇군요. 사이버 범죄에는 어떤 것이 있나요?
크게 두 가지 유형이 있어요. 사이버 테러형 범죄와 일반 사이버 범죄가 있지요.
바이러스 유포
스팸메일
스팸 메일 유포
암호 해독
테러형 사이버 범죄
음란물 배포
공짜
사이버 사기
사이버 도박
내일 지구가 망한다!
허위 사실 유포
일반형 사이버 범죄

이런 사이버 범죄를 예방할 수 있는 방법은 없나요?
일단 사회 구성원의 의식 수준이 높아져 사이버 범죄도 엄연한 범죄임을 인식해야 하고, 발생 후 즉각적인 해결법이 실행되어야 효과적이지요.
맞아 아무리 내 이름을 모른다고 해도 이건 범죄야. 자제해야지.

특히 최근엔 전 세계적으로 인터넷을 통한 청소년의 사이버 범죄가 급속히 늘고 있어요. 그래서 사회적인 대처 방안이 마련되어야 하고 무엇보다 청소년 스스로 인터넷 중독에 빠지지 않도록 강한 의지를 키우고, 사이버 범죄의 심각성을 깨닫는 것이 중요해요.
네, 잘 알겠습니다.
아, 여기에 이런 단서가 있다니, 범인이 누군지 알겠어!

과학자 소개

과학 수사의 아버지, 베르티옹 Alphonse Bertillon, 1853~1914

베르티옹은 1853년 4월 23일 프랑스 파리에서 태어났습니다. 그의 아버지는 당시 인종별 두개골을 연구하는 인류학자였습니다. 베르티용은 아버지의 연구에 별 관심이 없었습니다. 그런데 1879년 파리 경찰국의 전과 기록 담당 부서의 부책임자로 임명되면서 전과자 식별 문제 해결에 관심을 가지게 되었고, 이때 그는 아버지가 연구한 인류학을 활용하여 범인 식별 방법을 개발한다면 전과자 식별 문제를 해결하는 데 큰 성과를 얻을 수 있을 것으로 생각했습니다.

베르티용은 1882년 11월부터 1883년 2월 사이에 체포된 범인들을 대상으로 직접 조사한 인체 측정치와 비교해 가면서 1,600건의 범인 식별용 자료를 만들었습니다. 마침내 그는 1883년 2월 20일, 자신이 개발한 범인 식별용 자료를 이용하여 첫 범죄 사건을 해결하는 쾌거를 거두었습니다. 이 일은 프랑스 파리의 모든 언론으로부터 찬사를 받으며 대서특필되어 기사화되었습니다. 프랑스 전역의 경찰서와 교도소에서는 앞다퉈 베르티용의 인체 측정치에 의한 범인 식별법을 받아들였습니다. 베르티용은 계속하여 1883년 말까지 50명이 넘는 재범자를 확인했으며, 다음 해에는 300명이 넘는 재범자를 찾아내는 성과를 올렸습니다.

그 뒤 베르티용은 사진술을 범죄 수사에 접목시켜 용의자의 모습과 범죄 현장 사진을 촬영함과 동시에 체포한 범인의 얼굴 전면과 측면 사진을 찍는 방식을 확립하여 오늘날의 영상 분석법의 토대를 마련했습니다. 그는 체포한 범인의 얼굴 특징, 즉 코, 입, 턱, 등을 정확하게 찍어 글로 기록해 두는 '글로 쓴 초상화' 기법을 정착시켜 오늘날의 몽타주 기법으로 발전하게 되었습니다.

1954년에는 《과학 수사의 아버지》라는 제목으로 베르티용의 전기가 출판될 정도로, 그는 범인 식별 및 범죄 사진 기법의 창시자로서 현대 과학 수사 발전에 큰 업적을 남겼습니다.

과학 연대표

언제, 무슨 일이?

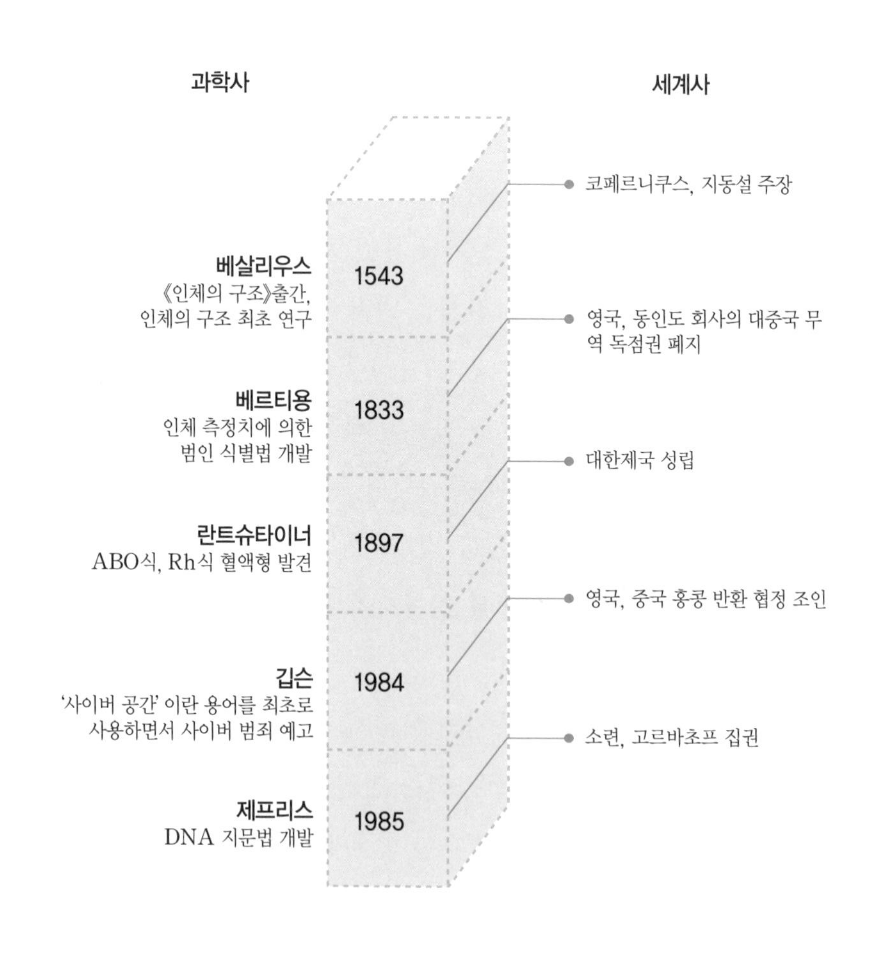

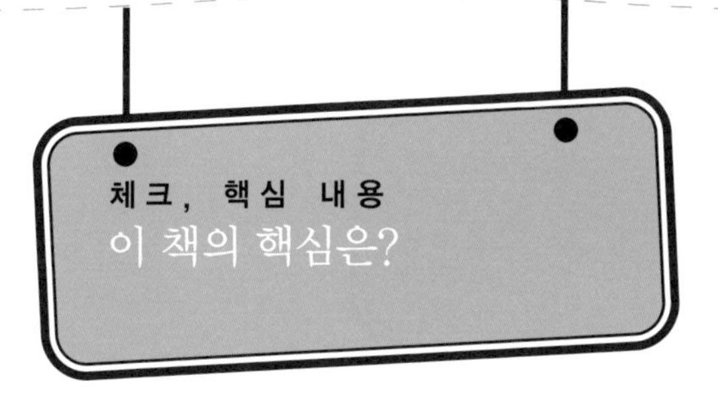

1. 과학 수사를 뒷받침하는 생물학, 물리학, 화학, 범죄학, 법률 등의 학문을 총칭하여 □ □□ 이라고 합니다.
2. 란트슈타이너는 ABO, Rh 혈액형을 발견하여 □□ 부작용 문제를 해결했고, 과학 수사에서는 범인을 입증하기 위한 □□ □□ 의 확률을 높였습니다.
3. 모발의 색깔은 피질과 수질에 함유되어 있는 □□□ 색소의 양에 의해 결정됩니다.
4. 뼈만 남은 시체의 경우, 형태학적 특징으로부터 남자인지 여자인지를 구별하기 위해 검사하는 뼈의 부위는 두개골과 □□ 입니다.
5. 영국의 제프리스 교수는 DNA 특정 부위의 염기 서열의 반복 횟수가 마치 사람의 손가락 지문과 같이 모두 다른 것을 보고 최초로 □□ □ □□ 이라는 용어를 사용했습니다.
6. 거짓말 탐지 검사에서 중요한 것은 질문 방식입니다. 질문은 "□□□"라는 부정의 답변이 나오도록 만들어야 합니다.
7. 사이버 범죄는 컴퓨터나 □□□ 을 범죄의 도구로 이용해 법을 위반하는 행위를 말합니다.

1. 법 과학 2. 수혈, 개인 식별 3. 멜라닌 4. 골반 5. DNA 지문 6. 아니요 7. 인터넷

이슈, 현대 과학

과학 수사도 DNA 칩으로 해결하는 세상이 온다

미국은 1987년부터 2005년까지 사람의 DNA 염기 서열을 밝혀내 유전자 지도를 완성시킬 계획을 세웠고, 2000년 6월에 30억 개의 DNA 염기 서열 지도가 완성되었습니다. 이 연구가 바로 '인간 게놈 프로젝트' 입니다. 이 연구에서 밝혀진 DNA 염기 서열로 특정한 일을 담당하는 DNA를 찾아낸다는 것은 시간이 많이 걸리고 대단히 어려운 일입니다. 왜냐하면 DNA 염기 서열과 단백질과의 관계는 물론 그 단백질의 기능을 알아야만 특정 DNA가 하는 역할, 즉 유전 정보의 기능을 알아낼 수 있기 때문입니다. 이때 새로 개발된 방법 중 하나가 'DNA 칩' 입니다.

DNA 칩은 분자 생물학의 지식과 전자 및 기계 공학의 원리를 응용하여 작은 공간에 수만 개의 DNA를 한 곳으로 모을 수 있는 기능을 갖고 있습니다. 결국 유전자 검색용

DNA 칩을 개발하여 수많은 종류의 DNA가 특정 세포에서 어떻게 발현되는지, 한 번의 실험으로 알아낼 수 있는 방법을 찾은 것입니다.

DNA 칩은 이미 세계 각 나라에서 경쟁적으로 연구되고 있으며, 현재 기술력이 가장 앞선 나라는 미국이고, 영국과 프랑스, 독일, 한국, 일본 등에서도 연구가 활발히 진행되고 있습니다. 본래 DNA 칩의 응용 분야는 유전병 진단과 유전자 변형에 의해 생기는 유전 질환을 밝히는 데 목적을 둔 의학 분야로, 각 나라의 DNA 칩 연구 기관들은 의약용 진단 시약 개발에 연간 수백억 달러의 시장 규모를 기대하며 연구하고 있답니다.

이제는 DNA 칩이 범죄 사건 해결을 위한 과학 수사에서도 응용되고 있습니다. DNA 칩은 알고자 하는 검사 대상자의 혈액이나 조직 등에서 추출한 DNA 시료를 반응시켜 그 결과를 컴퓨터에 의해 얻어냅니다. 수많은 DNA 시료를 한꺼번에 DNA 칩에 반응시켜 검색하고자 하는 DNA 지문형의 결과를 얻을 수 있기 때문에 기존의 방법으로는 몇 달씩 걸리던 검사가 단 몇 시간 만에 끝날 수 있게 됐습니다. 머지않아 사건 현장에서 DNA 칩을 이용하여 즉각 범인을 밝혀내고 신속하게 사건을 해결할 수 있는 날이 올 것입니다.

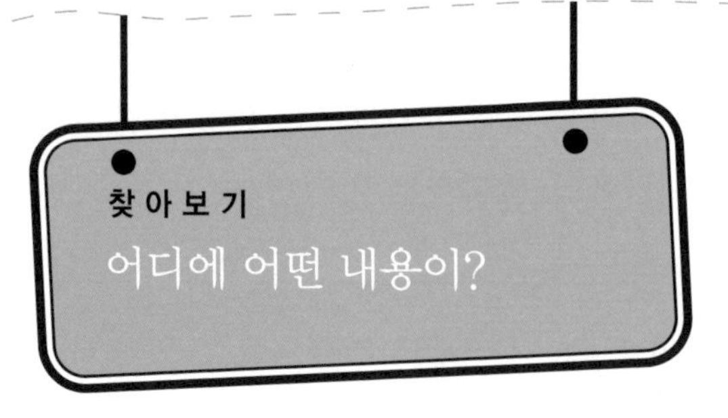
찾아보기
어디에 어떤 내용이?

수학자가 들려주는 수학 이야기 (전 88권)

차용욱 외 지음 | (주)자음과모음

국내 최초 아이들 눈높이에 맞춘 88권짜리 이야기 수학 시리즈! 수학자라는 거인의 어깨 위에서 보다 멀리, 보다 넓게 바라보는 수학의 세계!

수학은 모든 과학의 기본 언어이면서도 수학을 마주하면 어렵다는 생각이 들고 복잡한 공식을 보면 머리까지 지끈지끈 아파온다. 사회적으로 수학의 중요성이 점점 강조되고 있는 시점이지만 수학만을 단독으로, 세부적으로 다룬 시리즈는 그동안 없었다. 그러나 사회에 적응하려면 반드시 깨우쳐야만 하는 수학을 좀 더 재미있고 부담 없이 배울 수 있도록 기획된 도서가 바로 〈수학자가 들려주는 수학 이야기〉 시리즈이다.

★ 무조건적인 공식 암기, 단순한 계산은 이제 가라!★

- 〈수학자가 들려주는 수학이야기〉는 수학자들이 자신들의 수학 이론과, 그에 대한 역사적인 배경, 재미있는 에피소드 등을 전해 준다.
- 교실 안에서뿐만 아니라 교실 밖에서도, 배우고 체험할 수 있는 생활 속 수학을 발견할 수 있다.
- 책 속에서 위대한 수학자들을 직접 만나면서, 수학자와 수학 이론을 좀 더 가깝고 친근하게 느낄 수 있다.

과학공화국 법정시리즈 (전 50권)

정완상 외 지음 | (주)자음과모음

생활 속에서 배우는 기상천외한 수학 · 과학 교과서!
수학과 과학을 법정에 세워 '원리'를 밝혀낸다!

이 책은 과학공화국에서 일어나는 사건들과 사건을 다루는 법정 재판을 통해 청소년들에게 과학의 재미에 흠뻑 빠져들게 할 수 있는 기회를 제공한다. 우리 생활 속에서 일어날 만한 우스꽝스럽고도 호기심을 자극하는 사건들을 통하여 청소년들이 자연스럽게 과학의 원리를 깨달으면서 동시에 학습에 대한 흥미를 가질 수 있도록 구성하였다.

물리법정 1 물리의 기초
물리법정 2 물리와 생활
물리법정 3 빛과 전기
물리법정 4 소리와 파동
물리법정 5 여러 가지 힘
물리법정 6 운동의 법칙
물리법정 7 일과 에너지
물리법정 8 유체의 법칙
물리법정 9 현대물리학과 양자론
물리법정 10 상대성 이론

화학법정 1 화학의 기초
화학법정 2 물질의 구성
화학법정 3 물질의 성질
화학법정 4 화학반응
화학법정 5 화학과 생활
화학법정 6 신기한 금속
화학법정 7 여러가지 화합물
화학법정 8 물질의 변화
화학법정 9 음식과 화학
화학법정 10 우리 주변의 화학

생물법정 1 생물의 기초
생물법정 2 동물
생물법정 3 곤충
생물법정 4 인체
생물법정 5 식물
생물법정 6 자극과 반응
생물법정 7 유전과 진화
생물법정 8 신기한 생물
생물법정 9 해양생물
생물법정 10 미생물과 생명과학

지구법정 1 지구과학의 기초
지구법정 2 천문
지구법정 3 날씨
지구법정 4 지표의 변화
지구법정 5 지질시대
지구법정 6 남극과 북극
지구법정 7 화석과 공룡
지구법정 8 별과 우주
지구법정 9 바다 이야기
지구법정 10 이상기후

수학법정 1 수학의 기초
수학법정 2 수와 연산
수학법정 3 도형
수학법정 4 비와 비율
수학법정 5 확률과 통계
수학법정 6 여러 가지 방정 식
수학법정 7 여러가지 부등식
수학법정 8 여러가지 수열
수학법정 9 수학퍼즐
수학법정 10 수학의 논리

천재들이 만든 수학퍼즐 (전 80권, 본편 40권+익히기 40권)

게임보다 흥미롭고 획기적인 퍼즐 수학책!
인터넷 게임을 하듯 수학퍼즐을 풀면 창의력이 높아지고 수학 성적이 올라간다!

수학퍼즐은 수학의 한 분야를 발견 또는 발전시킨 천재들이 그 주제를 어떤 다양한 방식으로 접근해 섭렵했는지 그 자취를 따라가본다. 천재들이 수학을 대했던 기발하고도 다각적인 시도가 다양한 퍼즐을 통해 제시되어 입체적이고 통합적인 수학 사고의 틀을 탄탄하게 다져줄 것이다.

| 천재들이 만든 수학퍼즐 |

01 피타고라스가 만든 수의 기원 (본편 · 익히기)
02 유클리드가 만든 평면도형 (본편 · 익히기)
03 칸토어가 만든 집합 (본편 · 익히기)
04 가우스가 만든 머리셈 (본편 · 익히기)
05 프랭클린이 만든 마방진 (본편 · 익히기)
06 이집트인들이 만든 분수 (본편 · 익히기)
07 오일러가 만든 한붓그리기 (본편 · 익히기)
08 피타고라스가 만든 규칙 찾기 (본편 · 익히기)
09 피어슨이 만든 표 만들기 (본편 · 익히기)
10 피어트 하인이 만든 쌓기나무 (본편 · 익히기)
11 페르마가 만든 약수와 배수 (본편 · 익히기)
12 디오판토스가 만든 방적식 (본편 · 익히기)
13 피보나치가 만든 피보나치수열 (본편 · 익히기)
14 듀드니가 만든 펜토미노 (본편 · 익히기)
15 라이프니츠가 만든 곱셈 알고리즘 (본편 · 익히기)
16 가우스가 만든 곱셈 알고리즘 (본편 · 익히기)
17 존 벤이 만든 벤 다이어그램 (본편 · 익히기)
18 라이프니츠가 만든 진법 (본편 · 익히기)
19 에라토스테네스가 만든 소인수분해 (본편 · 익히기)
20 가우스가 만든 등비수열 (본편 · 익히기)
21 탈레스가 만든 성냥개비 퍼즐 (본편 · 익히기)
22 유클리드가 만든 평면도형의 측정 (본편 · 익히기)
23 인도인이 만든 숫자와 사칙연산 (본편 · 익히기)
24 오일러가 만든 스도쿠 (본편 · 익히기)
25 폴야가 만든 문제해결전략 (본편 · 익히기)
26 존 그렌트가 만든 통계 (본편 · 익히기)
27 오일러가 만든 그래프 (본편 · 익히기)
28 니시오 테츠야가 만든 로직 (본편 · 익히기)
29 아벨이 만든 인수분해 (본편 · 익히기)
30 유클리드가 만든 삼각형 (본편 · 익히기)
31 유클리드가 만든 다각형 (본편 · 익히기)
32 파스칼이 만든 경우의 수 (본편 · 익히기)
33 아르키메데스가 만든 원과 직선 (본편 · 익히기)
34 오일러가 만든 최단 거리 (본편 · 익히기)
35 탈레스가 만든 합동과 닮음 (본편 · 익히기)
36 듀드니가 만든 복면산 (본편 · 익히기)
37 바빌로니아인들이 만든 각 (본편 · 익히기)
38 아르키메데스가 만든 원 (본편 · 익히기)
39 튜링이 만든 암호 (본편 · 익히기)
40 디리클레가 만든 함수 (본편 · 익히기)